U0348715

WILEY

再见爱人

如何结束亲密关系中的情感虐待

[美] 贝弗利·恩格尔 —— 著
（Beverly Engel）

林钗华 等 —— 译

经典之作
畅销20年
权威译本
★ 全新改版 ★

The Emotionally Abusive Relationship
How to Stop Being Abused and How to Stop Abusing
SECOND EDITION

如果一个人让你痛苦却无法离开，
请重新审视这段关系。

机械工业出版社
CHINA MACHINE PRESS

在亲密关系中，情感虐待发生的比例是惊人的。它可能是最不被理解、最被低估的情感暴力形式。在本书中，国际知名心理治疗师贝弗利·恩格尔引导读者通过经验证的方法，深入了解这种极为有害的行为模式及背后原因，并有效应对。

本书的不同之处在于，它关注受害者和施虐者双方，向他们提供非评判性的信息、策略和建议，以结束情感虐待行为，挽救处于危机中的亲密关系，包括：识别和理解情感虐待；为什么有些人会被施虐者吸引，以及施虐者为何会施虐；童年创伤经历所造成的行为模式如何造成了情感虐待，以及如何打破这些模式；人格障碍与情感虐待的关系；情感虐待受害者、施虐者以及双方共同的行动计划；如何从伤害中恢复。

本书是那些身处不健康亲密关系中的人的必读书籍，得到了许多心理治疗师的推荐。本书也是心理学专业人士及学生的重要参考资料。

北京市版权局著作权合同登记　图字：01-2024-0077 号。

图书在版编目（CIP）数据

再见爱人：如何结束亲密关系中的情感虐待 /（美）贝弗利·恩格尔（Beverly Engel）著；林钗华等译. 北京：机械工业出版社，2024.12. - - ISBN 978-7-111-77478-5

Ⅰ. B842.6

中国国家版本馆 CIP 数据核字第2025RR5702 号

机械工业出版社(北京市百万庄大街 22 号　邮政编码 100037)
策划编辑：侯春鹏　　　　　　责任编辑：侯春鹏　康　宁
责任校对：潘　蕊　王　延　责任印制：刘　媛
河北环京美印刷有限公司印刷
2025 年 3 月第 1 版第 1 次印刷
148mm×210mm · 11 印张 · 1 插页 · 341 千字
标准书号：ISBN 978-7-111-77478-5
定价：68.00 元

电话服务　　　　　　　　网络服务
客服电话：010-88361066　机　工　官　网：www.cmpbook.com
　　　　　010-88379833　机　工　官　博：weibo.com/cmp1952
　　　　　010-68326294　金　书　网：www.golden-book.com
封底无防伪标均为盗版　机工教育服务网：www.cmpedu.com

此书谨献给

愿意直面情感虐待的人

不论伤害发生在自己还是伴侣身上

致谢

我将最深切的感激献给我的经纪人汤姆·米勒（Tom Miller）和玛丽·塔汉（Mary Tahan），你们多年以来一直陪伴在我身边。感谢你们为我所做的一切，感谢你们一如既往的正直。

我还要向所有的来访者表示衷心的感谢。在与你们工作的过程中我学到了很多，而这些收获也在我的写作中得到充分体现。

最后，我要感谢格尔申·考夫曼（Gershen Kaufman），你是第一个向我阐释羞耻感的重要性的人。我也要感谢克里斯廷·内夫（Kristin Neff），感谢你帮助我（以及所有人）认识到自我关怀的重要性。

关于作者

贝弗利·恩格尔（Beverly Engel）是一位国际知名的心理治疗师，她还致力于为遭受身体和情感虐待的人们发声、维权，并因此备受赞誉。她著有 25 部围绕情感虐待、羞耻感和创伤疗愈等主题的书籍，其中多部为畅销书，被视为经典之作。她是一位执证的婚姻和家庭治疗师，从事心理治疗工作长达 35 年。

贝弗利的书籍曾获众多奖项，并被翻译成多种语言，包括西班牙语、日语、汉语、韩语、希腊语、土耳其语、伊朗语、立陶宛语和波兰语等。

贝弗利曾亮相于奥普拉脱口秀（The Oprah Show）、美国有线电视新闻网（CNN）和《重新开始》（*Starting Over*）等多个电视节目中。她在"今日心理学"（Psychology Today）网站上开设了名为 The Compassion Chronicles 的博客，并在众多权威期刊上发表过大量专题文章。

原书第2版前言

> "我不是在告诉你这很容易,我是在告诉你这很值得。"
>
> ——亚特·威廉姆斯(Art Williams)

距离我写这本书的第 1 版,已经过去了 20 年。这 20 年间发生了许多变化。首先,情感虐待这一现象已经从阴影中显现出来,暴露在了阳光下。公众对情感虐待及其伤害的认识有了大幅提高。这显然是一件好事,因为越来越多的受害者开始寻求帮助,而我们也发现,许多人能够摆脱情感虐待所带来的痛苦、恐惧和羞耻。

我们最近的政治氛围带来了一个令人惊讶的结果,那就是像煤气灯式情感操纵(gaslighting)和自恋者(narcissists)这样的术语已经成为日常用语。不幸的是,这种现象的风险在于:当这些术语变得普遍化,人们可能就会失去对它们原本应有的重视。如果人们过于频繁地用情感虐待这个词来描述恋爱关系中的冲突,这个词就很可能变成一句玩笑话。但情感虐待绝不是玩笑。在第 2 版中,我希望重申并进一步说明它的破坏性,这种破坏性不仅指向受害者,也指向施虐者、他们的孩子和关系本身。

这本书更新第 2 版的一个主要原因是,在第 1 版写作时,我未能建立起羞耻感和情感虐待之间的联系。事实上,当时几乎没有心理学专家在谈论羞耻感。而现在，有充分的证据表明，羞耻的情绪极具破坏性，处理这种情绪对康复至关重要。如果我们无法治愈羞耻感所造成的创伤，尤其是童年期的创伤，我们就会把这种极为有害的羞耻感带入成年期，尤其是带入到我们的亲密关系中。羞耻感是大多数情感虐待的核心，也是情感虐待所造成的最主要的伤害。在第 2 版中，我将讨论这种鲜为人提及的情感，并详细阐述如何通过自我关怀的实践来治愈它。

过去 20 年发生的另一个变化是，现在我们知道越来越多的男性也在成为情感虐待的受害者。虽然我在第 1 版中写到了这一现象，但随着时间的推移，我们发现男性受害者的数量大幅增加。这些男性受害者和女性受害者一样需要帮助，但他们通常更难站出来寻求帮助，因为相较于女性，男性往往对于自己成为受害者这一事实抱有更大的羞耻感。施加虐待的女性通常对于自己伤害伴侣或破坏关系的行为完全不自知。而男性常常意识不到自己受到了虐待，或由于害怕被他人嘲笑或指责不够男子气概，而难以承认自己受到了虐待。

你阅读本书时会留意到，我并不假设只有异性恋情侣会遭受情感虐待问题的困扰。

我的第 1 版受到了一些受害者权益倡导人士的批评，他们指责我对施虐者太过宽容。在我看来，施虐者不是怪物，而是在童年虐待和其他创伤中受伤的人类。也许我的人本主义观点来自于我多年来与许多施虐者打交道的工作经验，我发现他们经常出于保护自己免受羞耻的需要，而陷入一种消极的人际互动中。当这种羞耻感通过同情和自我关怀得以治愈时，我发现一些施虐者实际上可以改变，只要他们愿意付出努力。这种观点与当前将施虐者视为永远无法改变的怪物的普遍看法截然不同。尽管如此，在这一版中，我将尽量确保提供一种更为平衡地看待施虐者的角度。当然，人类社会存在恶性自恋者、反社会者，以及那些具有虐待人格的人，这些人确实没有改变的希望。我将确保不向这些人的伴侣提供虚假的希望。

我还想明确一点，尽管我将许多施虐者视为受困于自身防御系统中的个体，但我绝不会以任何方式为他们的虐待行为开脱。无论个体的童年有多么悲惨，都无法成为虐待他人的借口。施虐者必须为他们的行为承担全部责任。事实上，如果希望获得任何救赎和改变，这是至关重要的第一步。

虽然我也要求受害者为自己的行为负责，但这绝不是对受害者的指责。情感虐待的受害者从来不需要为关系中的虐待，或他们伴侣的虐待行为负责。虐待行为的唯一责任人始终都是施虐者。受害者从来不是"自找的"，也不存在"激发伴侣最坏的一面"的说法。我在这一版也补充了对边缘型人格障碍更深入的探讨，包括其可能如何导致女性和男性对其伴侣（和孩子）施虐的相关内容。这种人格障碍并未得到应有的关注。相反，我们似乎过分关注自恋者的行为，以至于情感施虐者和自恋者已经成为同义词——而它们并不相同。并非所有自恋者都会在情感上虐待他们的伴侣和孩子，也有许多施虐者不是自恋者。事实上，很多施虐者并非自恋者，而是具有强烈边缘型倾向或被诊断为边缘型人格障碍的人。

在过去的20年里发生的另一个变化是，我们开始越来越多地谈论"代际创伤"，即将例如家庭暴力、酒精和药物成瘾，以及儿童虐待和情感忽视一类的创伤的影响和余波传递给下一代的现象。

情感虐待就是这种现象的一个完美例子。在第 1 版中，我着重讨论了许多（即使不是大多数）施虐者自身也遭受了虐待的事实——无论是言语上的、情感上的、身体上的还是性上的。那些没有遭受过虐待的人则很可能经历过严重的情感忽视，或成长在父母相互虐待或在其他方面功能失调的家庭中（如存在酗酒、精神疾病等情况）。在这一版中，我把代际创伤列入了可能导致人们变得有虐待倾向的原因中。同样，这绝不是在为他们的虐待行为辩解，而是对于虐待行为的成因的解释。

还有一个可能不太普遍也不太受欢迎的观点，那就是许多受害者和施虐者一样，也同样来自具有虐待经历或情感忽视经历的成长背景。有受害者权益维护人士指出，任何女性都可能陷入情感虐待关系，这的确是事实。但理解受害的根源同样重要，同施虐的根源一样——受害往往源于童年时期的虐待和忽视。如果我们想要结束情感虐待以及其他形式的虐待，我们就必须认识到这些共同的根源。

我坚信，阅读这本书并完成练习的伴侣有很大机会在他们的关系中消除情感虐待。然而，也存在例外情况：对有些关系来说改变可能为时已晚，或情感虐待过于严重，或施虐者并不真正愿意发生改变。

这本书只推荐给那些真正想要自我改善和改善关系的个人和伴侣。当关系中的施虐者愿意承认他们的虐待行为、不再否认时，对于这类的关系，本书将尤其有效。

译者序

在我们的文化语境中，身体的虐待，尤其是体罚，曾在漫长岁月里被视为父母或老师管教孩子的常规手段。直到近几十年，随着心理学研究的深入与社会文明的进步，人们才逐渐觉醒，认识到这是对身心的严重残害。那些淤青、伤痕，不仅是身体遭受暴力的明证，更会在心灵深处刻下恐惧、自卑与无助。然而，虽然社会对于身体虐待的危害已达成一些基本的共识，但另一种形式上更为隐形而不可名状的虐待——情感虐待，在我们的文化中仍鲜被提及。尽管随着对一些社会热点事件的讨论，煤气灯效应、PUA 等词汇开始进入大众视野，但公众对它们的认知大多局限于自恋型人格障碍患者的恶意控制上。而实际上，情感虐待的发生场景远比这二者广泛得多。身体上的显性伤痛，因能被看见、被理解，尚可获得他人的安慰；而情感虐待带来的是隐性伤痛，当我们感到疼痛，却对疼痛的来源难以名状时，这种不被看见，甚至不被自己理解的感受只会让痛苦雪上加霜。

这也是为什么，虽然我此前一度纠结"情感虐待"（emotional abuse）这个词是否对国内读者而言太过激烈，曾考虑过更为委婉的表述，但最终还是选择了以直译的方式，直面这个议题。我不想再去弱化或回避这种伤害，因为很多时候，弱化或回避无法解决伤害带来的问题，反而会给受伤的人更添一份不被看到和理解的痛苦。

　　本书作者贝弗利·恩格尔是一位知名的心理治疗师，她以敏锐的洞察力和深厚的人文关怀，为我们揭示了情感虐待的复杂面貌，为饱受情感虐待的人找到了出口。她通过翔实的案例分析，揭示出情感虐待背后复杂的心理动机与行为模式，让读者清晰地认识到这一问题的严重性与普遍性。贝弗利的人文关怀，更如暖流贯穿全书。她没有站在道德的制高点去指责施害者，而是指出，很多时候，施害者也是成长创伤、心理困境的受害者。这种深入根源的理解，并非为施害者开脱，而是为了更有效地打破虐待循环，帮助受害者更好地应对，同时引导施害者正视错误，走上自我修复之路。本书还提供了许多具体实用的建议和方法，帮助受害者挣脱情感虐待的枷锁，在迷茫和无措中重拾勇气和力量。

　　希望这本书可以让那些身处困境的人们找到慰藉与出路，也希望每一位读者在阅读本书后都能够更加珍视自身与他人的情感健康。

　　本书的译者团队有林钗华、王若涵、张可懿、都城安。

林钗华

美国普渡大学咨询心理学博士

北京师范大学心理学部硕士生导师

中国心理学会注册督导师

目录

第二部分

治愈童年创伤和问题模式

第一部分

识别并理解情感虐待

第 1 章

情感虐待：关系的破坏者

　　"行动固然强大有力，但重要的是认识到情感同样如此。情感虐待可能是一个人所能承受的最痛苦之事，因为它深深地伤害了一个人的灵魂和心智。"

——拉塔莎·布拉克斯顿（LaTasha Braxton）

不管特蕾西（Tracey）怎么做，她似乎总是无法让男友满意。他总在不停地抱怨——关于她的穿着打扮、说话方式、与朋友通电话的时长，即使她悉心听取了他的不满并在这些方面做出了改变，但似乎他总能找到新的不满。"我爱他，我希望他快乐，但我感觉很困惑，"特蕾西向我解释道，"有时我觉得无论我做什么他都不会满意，而有时我又开始怀疑，也许是我故意做这些事情来惹恼他。"

　　罗伯特（Robert）的妻子又开始不理他了。这次已经持续了两周。尽管这种情况以前也发生过很多次，但仍然极大地困扰着他。"我感觉自己像是被妈妈惩罚的坏孩子。困扰我的不仅仅是沉默的对待，还有她那些鄙夷的眼神。"

　　多年来，罗伯特已经学会了和妻子保持距离，给她足够的时间冷静下来。"试图道歉或解释我的观点是没有任何好处的——她拒绝听我说话，而且通常这只会让她更生气。当她准备好再次和我说话时，她自然就会开口——在此之前，我只能默默忍受。"

　　杰森（Jason）的恋人马克（Mark）有很强的占有欲和嫉妒心。"我必须 24 小时全天候告诉他我在哪里，"杰森向我抱怨道，"他每天在工作时间给我打好几次座机电话，如果我不在座位上，他会非常生气，想知道我刚刚去了哪里、做了什么。办公室里有几位相貌不错的男同事，马克坚信我会和其中一位有染。我怎么安抚他都没用，他还是不断地指责我调情。最糟糕的是，这使得我也开始怀疑自己：虽然我不认为自己在调情，但或许我无意中这么做了。"

特蕾西、罗伯特和杰森没有意识到，他们都在遭受情感虐待。并且有成千上万的女性和男性都在遭遇相似的境况。他们的自信心被逐步削弱，自尊被侵蚀，自我认知被扭曲——这个过程缓慢而系统，他们甚至都意识不到这一切的发生。

关系中的个体或伴侣双方可能会经历长年的挣扎，仿佛被锁在充满冲突、羞耻、屈辱、恐惧和愤怒的牢笼中，而无法意识到自己处于一段情感虐待的关系中。他们可能以为所有伴侣都像他们一样会争吵，或者认为所有的女人（或男人）都会受到和他们同样的对待。通常伴侣间的情感虐待会被否认、被轻描淡写，或被视作简单的不和或"爱情中的小摩擦"。然而实际上，关系中的一方或双方正遭受着严重的心理伤害。即便是能够意识到自己遭受了情感虐待的人，也倾向于自我责备或为伴侣的行为辩解。然而他们不知道的是，允许自己的伴侣继续这种破坏性的行为，实际上是在共同摧毁这段关系。情感虐待是造成一段关系功能失调的主要因素之一，也是导致分手或离婚的重大原因之一。

什么是情感虐待

大多数人想到情感虐待时，他们通常会想到伴侣间的贬低或指责。但情感虐待远远不止言语虐待。情感虐待可以被定义为：任何除了身体接触以外，一方通过羞辱、贬损或制造恐惧等手段，以控制、恐吓、贬低、惩罚、孤立另一方或迫使之屈服的行为。

情感虐待行为包含言语虐待，如贬低、责骂、持续指责等，也包含更微妙的策略，如恐吓、操纵和拒绝被取悦。我们将在下一章更深入地探讨各种类型的情感虐待，但让我们先来看看亲密关系中情感虐待的例子：

- 羞辱和贬损；
- 轻视和否定；
- 支配和控制；
- 评判和指责；
- 控诉和归咎；
- 琐碎且不合理的要求或期望；
- 情感疏离和"冷战"；
- 孤立。

情感虐待还包括更微妙的行为，例如：

- 拒绝给予关注或投入情感；
- 带有不赞同、轻蔑、鄙视或傲慢的眼神、评论和行为；
- 生闷气和板脸；
- 投射和/或控诉；
- 暗示性地威胁抛弃（无论是身体上的还是情感上的）。

情感虐待不仅由消极行为构成，还包括消极态度。因此，我们需要在情感虐待的定义中加入"态度"一词。实施情感虐待的人可能无须采取任何外显的行动，而只需表现出虐待性的态度。以下是一些示例：

- 认为他人应完全顺从自己；
- 很少留意他人的感受；
- 即使留意到他人感受也并不在意；
- 认为别人都不如自己；
- 认为自己总是对的。

因此，情感虐待是指任何旨在控制、恐吓、贬低、惩罚、孤立另一个人或使之屈服的非身体接触的行为或态度。但也有些身体行为同样可以被视为情感虐待。这些行为被称为象征性暴力，具体可能表现为：摔门，踢墙，摔餐具、家具或其他物品，在受害者在车内时进行危险驾驶，以及破坏或威胁破坏受害者珍视的物品等具有恐吓性质的行为。有一些暴力威胁可能形式相对温和，诸如冲着受害者挥拳、做出威胁的手势或表情，或做出一副想要杀害受害者的样子等，这些也都属于象征性的暴力威胁。

情感虐待的危害

实际上，情感虐待极具破坏性，其破坏性比起身体虐待有过之而无不及。对很多人而言，情感虐待因其对自尊心的损害极大，是最让人痛苦的暴力形式。情感虐待触及人的核心，造成的内心伤痕可能比身体上的更为持久。在情感虐待中，侮辱、影射、指责和控诉会慢慢侵蚀受害者的自尊心，直到他们无法对现实情况做出客观的判断。他们可能开始相信自己是有问题的，甚至担心自己正在失去理智。受害者可能会在情感上受到重大打击，以至于认为遭受虐待是自己的错。

情感虐待对个体造成的主要影响包括抑郁、缺乏动力、内心混乱、难以集中注意力或做决策、低自尊、失败或无价值感、绝望感、自责以及自我毁灭的倾向或行为。情感虐待近似于"洗脑"，它会系统性地侵蚀受害者的自信心、自我价值观、自我形象，并影响其对自我感知的信任。情感虐待的形式可能是持续的指责贬低，或恐吓威胁，有时甚至可能被冠以"指导"或"教育"之名。但无论哪种形式，其结果都是相似的。最终，受害方会彻底失去主体性，其自我价值感也会消失殆尽。

遭受虐待的一方很容易接受伴侣的指责和拒绝，他们时常处于持续的混乱之中，脑海中充满了各种困惑：我是否真的像他说的那么糟糕，还是他难以被取悦？我该继续这段关系还是离开？如果我真的像他说的那样无能，也许我无法独自应对生活。也许再也不会有人爱我了。最终，随着时间的推移，大多数情感虐待的受害者不仅会将关系中所有问题的责任归咎于自己，还会相信自己是不够好、令人鄙视，甚至是不值得被爱的。

情感虐待除了伤害受害者以外，还会毒害一段感情，使其浸透着敌意、轻蔑和仇恨。一旦情感虐待在关系中常态化，无论一对情侣曾经多么相爱，这份爱都会在恐惧、愤怒、内疚和羞耻面前黯然失色。不论情感虐待来自关系中的一方还是双方，这个关系都会随着时间的增长而变得越来越有毒。在这种受污染的环境中，爱难以生存，更别提茁壮生长了。

情感虐待会让施虐方和受害方渐渐失去对对方的欣赏，再也看不到对方身上曾经的闪光点。当一个人贬低、指责或控制伴侣的行为越多地被默许，他就会越来越不尊重对方。反之，当一个人遭受的情感虐待越多，他所积累的指向施虐方的仇恨情绪也会越来越强烈。双方的不尊重和仇恨情绪会引发关系中更多的情感虐待，而他们也会进一步地为彼此不当的，甚至破坏性的行为辩护。随着时日增长，施虐方和受害方都会积聚愤怒，而情感虐待则可能演变为身体暴力。

当情感虐待变成双向的，它就变成了一场生存斗争。在这种状态下，双方都需要持续地抵御来自对方的指责、言语攻击和排斥，同时还要努力积攒力量以应对日常事务。

随着关系中情感虐待的累积，双方都会变得越来越不自信，进而愈加紧抓着对方不放。一种破坏性的循环就此形成——尽管关系越来越具虐待性，但关系中的双方反而越来越依附于对方。随着关系持续恶化，双方都可能觉得自己有理由在关系中采取更极端的行为。

无论你是怀疑自己正在遭受情感虐待，还是担心自己可能在情感上虐待伴侣，抑或是认为自己和伴侣正在情感上互相虐待，本书都将为你提供帮助。如果你不确定自己是否遭受情感虐待，你会学到一些重要信息，以帮助你做出判断。如果你担心自己可能在情感上虐待伴侣，你会了解到情感虐待行为的确切标准及其原因。如果你认为你和伴侣互相在情感上虐待彼此，你将学会如何停止触发彼此的负面反应、如何避免激发双方最糟糕的一面，以及如何发展更健康的相处方式。

问卷：你是否正在遭受情感虐待？

请回答以下问题，这些问题可以帮助你判断自己是否在关系中遭受了情感虐待。

1. 你是否感到你的伴侣对你像对待孩子一样？你的伴侣是否经常因为你的行为"不恰当"而纠正或斥责你？你是否觉得自己不管去哪里，不管做多小的决定，都需要"被批准"？你是否需要为自己花的每一分钱辩解，或者你的伴侣是否试图控制你的开销（尽管对方给自己花起钱来毫不吝啬）？

2. 你的伴侣是否让你感觉自己"低人一等"？对方是否特别强调你的教育程度较低，收入较少，或者不如他们有吸引力？

3. 你的伴侣是否经常嘲笑、无视或者轻视你的观点、想法、建议和感受？

4. 你的伴侣是否总是贬低你的成就、抱负和对未来的规划？

5. 你是否感到自己经常"如履薄冰"？你是否花费大量时间监控自己的行为，或在提出话题前，必须小心地避开伴侣的坏心情？

6. 进入这段关系以来，你是否已经不再和很多（甚至所有）朋友和家人见面？你这么做是否因为你的伴侣不喜欢他们，或因为伴侣嫉妒你和他们共度时光，或因为伴侣在他们面前对待你的方式让你感到羞耻？你不再见朋友和家人，是否因为你已经多次向他们抱怨过伴侣对待你的方式，却仍选择继续和对方在一起，这让你感到难为情？

7. 你的伴侣是否一直坚持自己的意愿？对方是否希望决定你们去哪里、做什么以及和谁一起？

8. 如果你不按照伴侣的意愿行事，对方是否会通过生闷气、疏远你、冷落你或拒绝爱抚、性生活等方式惩罚你？

9. 如果你不按照伴侣的意愿行事，对方是否会频繁威胁结束关系？

10. 你的伴侣是否总是控诉你与他人调情或有外遇，尽管事实并非如此？

11. 你的伴侣是否认为自己总是对的？

12. 你的伴侣是否几乎无法被取悦？对方是否经常对你性格的某个方面、你的外貌或你的生活方式表达抱怨或不满？

13. 你的伴侣是否经常在他人面前贬低或取笑你？

14. 你的伴侣是否总是将问题归咎于你？例如，你的伴侣突然发脾气大喊大叫时，是否会宣称是你的错？你的伴侣是否会告诉你，如果不是你惹怒了他，他就不会这样做？对方的暴饮暴食或酗酒问题是否也会怪到你的头上？甚至对方未能完成学业或实现自己的演员（作家、音乐家、歌手等）梦，是否也会归咎于你？

15. 你的伴侣是否认为你要为关系中的所有问题负责？

16. 你的伴侣是否性格多变、喜怒无常？他是否前一刻还心情愉快，下一刻就突然暴怒？对方是否很容易因为一点刺激就大发雷霆？他是否会经历极度的亢奋期，随后又陷入严重的抑郁期？对方喝酒后性格是否会发生变化？

17. 你的伴侣是否经常取笑你、嘲笑你或者用讽刺的方式贬低你？当你表达抗议时，对方会告诉你那只是个玩笑，是你过于敏感或没有幽默感？

18. 你的伴侣是否无法自嘲？当别人拿他开玩笑，或说一些他认为不够尊重的言论时，他是否异常敏感？

19. 你的伴侣是否难以承认错误或道歉？对方是否总是为自己的行为找借口，而将错误归咎于他人？

20. 你的伴侣是否持续向你施压要求性行为，或试图说服你参与令你反感的性活动？对方是否曾威胁要与他人发生性关系，或者找他人参与其感兴趣的性活动？

　　如果你对一半或一半以上问题回答"是"，那你无疑正在遭受情感虐待。即使你只对少数问题回答"是"，也存在情感虐待的可能性。情感虐待关系最重要的特征是：一系列持续的伤害、羞辱和轻蔑性的行为模式。

判断你是否在施加情感虐待

　　承认自己正在遭受情感虐待已属不易，面对自己可能在情感上虐待另一半的事实则更难。没有人愿意面对自身失去控制，而在行为和言语上伤害了伴侣的事实。相较之下，个体试图继续为自己辩解——譬如告诉自己是伴侣逼得太紧、是伴侣自找的，这类自我合理化的行为要容易得多。但如果你确实在情感上虐待了伴侣，唯一能够挽救你的关系和自身的方法是不再找借口，承认真相——首先对自己承认，并最终对伴侣承认。承认这一真相的第一步是尽可能诚实地回答以下问题。

问卷：你是否在情感上虐待他人？

1. 你是否认为自己有权在关系中做出大部分决策？

2. 你是否坚持让你的伴侣按照你说的去做？

3. 你是否认为自己比伴侣优越或"更好"（例如，更聪明、更能干、更有权力）？你是否因而认为自己在关系中有权享有特殊待遇或照顾？

4. 你是否私下里轻视甚至憎恶伴侣，因为你认为对方软弱、无能、愚蠢或容易受欺负？

5. 你是否故意选择了一个允许你在关系中保持主导地位的伴侣？

6. 当伴侣不按你的意愿行事时，你是否对他进行冷暴力或拒绝给予认可、情感、性或金钱？

7. 每当事情不遂你愿时，你是否会威胁离家出走或结束关系？

8. 除了伴侣之外，你是否经常与他人发生分歧或争执？你是否经常感觉被他人误解？

9. 你是否经常感觉自己被他人有意伤害或针对？

10. 你是否认为伴侣和其他人太过敏感，而正是由于他们太过敏感才会经常因你说的话和做的事而受伤？你是否认为伴侣应该学会自嘲，而不是在你取笑他时感到冒犯？

11. 你是否坚持让你的伴侣放弃所有（或大部分）的朋友和社交？

12. 你是否曾经否认自己做过或说过某些事情，目的是为了让你的伴侣对自己的现实感知或精神状态产生怀疑？

13. 你是否认为任何时候只要你想，你的伴侣都应该愿意发生性关系，也应该愿意参与任何你感兴趣的性活动？

14. 你是否曾经威胁如果伴侣不配合，你就要找其他人发生性关系或参与你想要的性活动？

15. 你是否常常经历情绪波动，有时仅几分钟内就从喜爱变为排斥？你是否频繁暴怒？你是否经常意识不到自己的情绪为什么发生变化，却又认定这和你的伴侣有关，或许因为对方做了什么，也可能因为对方没做什么？

16. 你是否认为你的伴侣应该放下其他所有事情，优先照顾你的需求？你是否认为对方应该愿意把所有的空闲时间都花在你身上，如果对方不这么做，你就会指责对方不够爱你，是个不合格的伴侣？

17. 你是否经常给在工作或在家的伴侣打电话或发信息，以核查他的位置，确认他仍爱着你？如果伴侣没有立即回应，你是否会勃然大怒？

18. 当你们不在一起时，你是否会不断地询问伴侣在干什么？你是否想知道对方每一分钟的行踪？如果对方无法说明自己每时每刻的行踪，你是否假设对方对你有所隐瞒？你是否坚持要伴侣携带手机，以便你随时与之联系？你是否曾经背着伴侣，偷偷监听他的电话、看他的短信或电子邮件，或去他的工作地点或所在地突然袭击，以确认他确实在那里？

19. 你是否坚持掌管关系中的财务？你是否要求伴侣在花任

何一笔钱之前都征得你的同意，或者为他们设定了有限的预算或零用钱？你是否要求对方向你解释每一笔开销？

20. 你是否期望伴侣的意见总与你一致？是否期望对方的投票立场与你相同？是否期待你们喜欢相同的活动？

21. 你是否曾经威胁过要破坏伴侣的物品？你是否曾经威胁要伤害对方？你是否曾经威胁过要伤害对方的孩子、家人或朋友？

22. 在你对伴侣发泄愤怒或试图吓唬伴侣时，你是否曾扔、砸或破坏东西？你是否曾阻止对方离开房间或离开你们家？你是否曾经推搡过伴侣？

如果你对上述某几个问题的回答是肯定的，这意味着你在关系中存在情感虐待伴侣的行为。但这并不意味着你是一个罪大恶极的人，也不必因此就给自己贴上"施虐者"的标签。我们所有人都会在某些时候在关系中使用情感虐待的策略。但这绝不是正当的行为，现在你意识到这些行为的虐待性质后，你应当做出坚定的努力来终止这些行为。

如果你对五个以上的问题回答了"是"，那么你已经展现出了情感虐待的模式，这种情况要严重得多。如果你想重获尊重并赢回伴侣的信任，你需要对自己和伴侣坦诚，坦诚地面对你的行为、面对你对伴侣的态度。在本书的后续章节中，你将了解导致自己变得具有虐待倾向的原因，同时学习应对羞愧、内疚、嫉妒和愤怒等导致虐待行为的情绪的方式。

请注意：问题 1 至 5 反映了情感虐待的*态度*。如果你对这几道题的回答有一半或一半以上为"是"，意味着你持有情感虐待的态度，这本身就是一种情感虐待。即使你仅对后面问题中的少数几道题回答肯定，也仍需引起你的关注，因为情感虐待的态度往往会导致情感虐待的行为。

没有怪物

与一些以虐待为主题的书籍不同，本书不会将对伴侣施加情感虐待的人描绘成可怕的怪兽。首先，那些在情感上变得有虐待性的人往往是无意和无意识的，而非蓄意和恶意的。他们无意识的动机，与那些忍受情感虐待行为的伴侣一样，往往源自被虐待或被忽视的童年经历。这正是我的来访者唐（Don）的情况。

唐：有其母必有其子

我无意在情感上虐待我的妻子。事实上，很长一段时间里，我甚至没有意识到自己在这么做。我只是用我母亲对待我的方式来对待我的妻子。在我的成长过程中，母亲在情感上让我感到窒息。她常说她太爱我，无法忍受我离开她的视线。我长大一些，坚持要出去和其他孩子玩耍，她会表现得很受伤，说我不爱她，否则我不会把她一个人留在家里。五岁时，我父亲去世了。从那以后，母亲经常说，我必须成为家里的顶梁柱，这意味着我要照顾好她的需求。

当我决定结婚时，我找了一个与我母亲截然不同的女人——一个不会让我感到窒息，有自己的生活，不需要我一直陪在身边的人。雪莉（Sherry）就是这样的女人。她独立，有很多朋友，经常参与各种活动。但婚后不久，我突然开始因为她的朋友们而产生了危机感，如果她决

定和朋友们一起出去而不是留在家里陪我，我就会感到
被抛弃。我向她抱怨说她不爱我，如果她真的爱我，她
会选择和我待在一起。

　　渐渐地，我对她的占有欲越来越强，开始指控她移
情别恋。我甚至开始跟踪她出门。我居然开始跟踪自
己的妻子！直到她坚持要我们接受治疗，我才意识到
自己的虐待行为。我用了我母亲曾经对待我的方式来
对待她。

有时，一个人可能会意识到自己的虐待行为，也因此感到痛
苦，却仍然无法停止自己。然而，当他可以深刻地领悟到自己为
什么会产生虐待行为时，往往就能发生重要的改变。我的来访者
亚历克斯（Alex）就是这样的情况。

亚历克斯：寻找愤怒背后的真正原因

亚历克斯来找我治疗是因为他意识到，自己对待妻子的方式
变得越来越具有虐待性，尽管他多次尝试让自己停下来，却总是
无法成功。"我不喜欢自己总是指责卡罗尔（Carol）。我讨厌自己
嘴里说出的话。我不敢相信我对她说过那些可怕的话。我总是对
她感到非常愤怒，但我常常并不知道自己为何如此愤怒。"

亚历克斯经常告诉自己，他对卡罗尔生气是因为她似乎无法
保住一份工作，这使得他不得不独自撑起整个家庭。他告诉自己，
因为她不相信避孕药，所以才会不断生育更多的孩子。虽然经济
压力在影响他们，但这并不能解释亚历克斯为何总是需要持续地
责备和贬低卡罗尔。而通过深入的探讨，我们发现这个问题的根
源可以追溯到更早年的体验。

亚历克斯小时候家境贫穷。他的父亲不得不离家到外地工作，
每月寄钱回家，以维持家庭每月的开销。然而，亚历克斯的母亲

是一个挥霍无度的女人，她总是在月初就将大部分钱都花在为朋友举办派对而购买的奢侈品上，例如巧克力、昂贵的肉类和酒水等。到了月底，他们常常只能以土豆充饥，有时甚至连土豆也没有，一家人只能挨饿几天。亚历克斯曾发誓，以后绝不让自己的孩子挨饿。

在我们的某次治疗中，亚历克斯在谈论他的母亲时突然转向我说："你觉得这就是我对我妻子感到愤怒的原因吗？我真正生气的对象其实是我的母亲？"实际上，这正是我当时的想法。接下来，亚历克斯和我开始致力于帮助他释放对母亲的愤怒情绪。

个体成为情感施虐者的另一个常见原因或动机是：避免自身成为受害者。卡伦（Karen）的故事就是一个例证。

卡伦：扭转局面

卡伦在童年时期以及她的前两段婚姻中都遭受了情感虐待。她的第二任丈夫对她极其残忍，卡伦几乎要寻短见。这促使她走进心理治疗室寻求帮助。两年间，卡伦和我共同努力，修复了由丈夫和父亲长期的控制与批评给她造成的伤害。她学会了释放自己压抑的愤怒，这些愤怒原本被她转向了自己；她也学会了更加自信地表达。当卡伦遇到了一位与以往截然不同的男人时，她停止了治疗。"这个男人真好，他让我自己决定我们要做什么，而不是命令我。他从不贬低我，他认为我现在这样就很好。"

尽管我认为卡伦过早地停止了治疗，但她的状况看起来确实有所好转。两个月后，我收到了她的婚礼请柬。虽然似乎有些仓促，但我希望她嫁给了一个善待她的人。

仅四个月后，我接到了卡伦的电话，她泣不成声。她的新婚丈夫布雷特（Brett）威胁要离开她，她想知道我能否安排他们进行伴侣治疗，帮助她理解发生了什么。

布雷特解释说，他爱卡伦，但他简直无法忍受她对待他的方式。"她像对待孩子一样命令我，坚持要按她的意愿行事。我是一个随和的人，并不需要事事按照我自己的方式行事，但我希望她有时也能考虑我的需求。我知道她生命中曾被其他男性伤害，但我跟他们不一样。我尊重她，也希望得到同样的尊重。我再也无法忍受她那些贬低我的话了。"

卡伦承认她经常指责布雷特，但她没有意识到自己已经变成了情感上的施虐者。"我想我误把布雷特随和的性格解读成软弱，不知为何，这仿佛让我觉得对他糟糕一点也没关系。天呐，我变成了我父亲和我前夫们的模样。"

很多人像卡伦一样，当他们试图从原本的生活中重建某种平衡时，常常从一个极端走向另一个极端——从受害者到施虐者。虽然许多人在情感上变得更加健康，不再受到虐待型伴侣的吸引，但他们之后常常会选择一个性格温和、好说话的，或者相对被动的人作为伴侣，以确保自己不会再受到虐待。不幸的是，正如卡伦一样，他们自身的虐待行为可能会被激活。

经过几个月的伴侣治疗，卡伦和布雷特成功地扭转了他们的关系。卡伦学会了在考虑自己的需求（不被对方支配）与考虑布雷特的需求之间找到平衡，而布雷特则学到了如何以非虐待性的方式，向卡伦坚定地表达自己的观点。

我认为，与其责备和羞辱那些已经成为施虐者的人，不如鼓励人们为自己的行为承担责任，并做出改变。这个过程可能包括：**探索童年，寻找影响当前行为的线索；释放对于"原始施虐者"的被压抑的情绪；学习用更具建设性的策略来处理愤怒和压力。**

终结情感虐待

有时，停止虐待意味着个体要从情感虐待的关系中抽身离开。而另一些时候，停止虐待可能意味着受害者需要积累足够的力量，学会适当的策略，以便在关系中更加坚定地表达自己。不论何种情况，终结情感虐待始终都意味着：施虐的一方需要发现并解决那些导致虐待行为的核心问题，这通常还意味着伴侣共同努力，改变双方共同造成的破坏性关系模式。

正在阅读本书的一些读者可能会首次意识到自己正在遭受情感虐待。这可能会让你得出一个结论：你需要结束这段关系，甚至你可能已经在情感上准备好这样做了。但是，许多读者可能还没有准备好离开这段关系。或许是因为害怕孤独，或许是担心自己无法独自应对生活——你可能觉得在离开之前需要先实现财务稳定。完整地阅读本书并完成所有练习，尤其是那些专门针对情感虐待受害者的章节，将帮助你在情感上做好离开的准备。

一些读者可能觉得你们的关系还有挽回的余地。通过遵循本书第二部分中提供的策略（特别是在面对伴侣的虐待时为自己挺身而出的方法），我相信你们有很大的机会挽救这段关系。尤其是当你们双方都愿意为改变负面关系模式尽到自己的责任时，挽救关系的机会就会更大。

每位伴侣都需要理解为何自己会施虐或为何会忍受来自伴侣的虐待。第二部分将详细解释我们如何基于童年经历——父母对待我们和父母对待彼此的方式——发展出行为模式，以及我们是如何无意识地重复这些行为模式，来试图解决早期的童年冲突。

一旦你理解了自身行为的根源，下一步将是学习如何着手处理那些导致不健康行为模式的未完成事件。那些情感上虐待伴侣的人需要获得帮助，以解决自己过往遭受的虐待或忽视所引发的痛苦、愤怒、羞耻、恐惧和内疚感，从而不再与伴侣重复这种行为。如果你正在遭受情感虐待，你需要获得帮助，以认识到自己不应该受到这样的对待，并理解自己最初为何会容忍这种虐待。还有一些时候，两个人很明显不应该继续在一起：要么因为他们不断相互激发出彼此最糟糕的一面，要么因为施虐的伴侣拒绝改变。在这种情况下，双方需要知道结束关系的时间点，以及如何以不伤害彼此的方式结束关系。第三部分涵盖了相关的信息，以帮助伴侣更好地应对该过程。

第 2 章

情感虐待的模式

"棍棒和石头可能打断我们的骨头，但言语能伤透我们的心。"

——罗伯特·富尔格姆（Robert Fulghum）

我们在第 1 章中简要讨论过各种情感虐待的类型，这些不同的类型常常组合出现，形成特定的虐待模式。本章我们将深入探讨这些模式，探究它们为什么是伴侣间最常见的情感虐待形式。当你阅读以下描述时，请尽量保持开放的心态，思考自己是处在虐待模式中的施加者还是受害者的位置。

支配

支配是指一个人试图掌控另一个人的行为。试图支配他人的人有一个巨大的需求，他们希望完全按照自己的方式行事，并且他们经常诉诸威胁以达目的。支配行为包括向伴侣发号施令；监控伴侣的时间与活动；限制伴侣对于某些资源（财务、手机等）的使用；限制伴侣的社交活动；使伴侣远离家人或朋友；干涉伴侣获得教育、工作或医疗等机会；过度的嫉妒或占有欲；扔东西；威胁伤害伴侣或其家人、朋友、宠物或财产；在伴侣面前虐待其子女、父母或宠物；强迫或胁迫伴侣从事非法活动。

安德烈娅和提姆：支配的需求

安德烈娅（Andrea）的丈夫提姆（Tim）坚持要掌控他们生活的方方面面。他要求安德烈娅一领到薪水就全部交给他，然后每周给她一笔生活费用于午餐和其他杂项开支。如果安德烈娅需要买些东西，比如为特殊场合买双新鞋，她就必须向提姆要钱。她必须要有充分的理由来解释她为什么需要这笔钱，而他则根据自己的心情决定是否给钱。

提姆还必须掌控他们的社交生活。他来决定交友对象，决定去哪些电影院和去哪些餐厅。每当安德烈娅提议看某部电影或去某家餐馆时，提姆就会表现得仿佛安德烈娅才是那个控制狂。"你知道我讨厌那些女性电影，"他会对她大吼，"你为什么总是坚持要我们去看那种电影？"而明知安德烈娅不喜欢暴力动作片，提姆却坚持选择看这类电影。刚结婚时，安德烈娅还曾试过坚持自己的想法，邀请提姆去尝试新餐厅。然而，一旦他们在新餐厅落座，提姆就会开始挑剔餐厅的灯光、服务和食物，让安德烈娅感到意兴阑珊。很快，安德烈娅意识到，在提姆面前坚持自己并不值得，不如按他的意愿行事。

提姆甚至规定了安德烈娅何时可以见她的父母。他觉得她与父母的亲密关系威胁到了他们，不想让她的父母"妨碍"他们的婚姻，所以他不允许她经常和父母见面甚至通话。

言语攻击

言语攻击包括贬低、轻蔑、指责、侮辱、谩骂、尖叫、威胁、过分责备、羞辱、刻薄地讽刺或表达厌恶。这类虐待对个人的自尊心和自我意象（self image）极为有害。身体暴力攻击个体的肉体，而言语虐待则攻击个体的心灵和精神，造成极难愈合的创伤。被咆哮的体验不仅令人感到屈辱，也令人恐惧。当有人对着我们咆哮怒吼时，我们会感到恐惧，害怕对方上升到肢体暴力。帕特里夏·埃文斯（Patricia Evans）在著作《言语暴力》（*The Verbally Abusive Relationship*，1992）中指出，言语虐待包括以下形式：拒绝沟通、对抗、贬低、伪装成笑话的言语虐待、打断和转移话题、控诉、评判、轻视、遗忘、命令、否认和滥用愤怒。

凯蒂和罗兰：毒舌的案例

罗兰（Roland）对他的妻子凯蒂（Kitty）总是感到不耐烦。"我简直不敢相信你能这么蠢。"这是他经常说的话。他常用的语句还有"你脑子长在屁股上了吗？"和"你到底在想什么？"他总是在影射凯蒂无能。

这些话始于凯蒂和罗兰结婚后不久。"我确实犯了很多错误，"凯蒂向我解释说，"我不怪他对我不耐烦。"凯蒂似乎没有意识到罗兰的话语在情感上伤害了她，每次她犯错并被他斥责时，她的自尊心都在受损。"我尽量避免让他发现我的错误，因为我清楚他一旦发现就会说我有多愚蠢。"凯蒂最终承认。她还承认了一件事："在罗兰身边时，我似乎比平时更容易犯错。"

尽管我向他们指出了罗兰对待凯蒂的行为其实是言语虐待，但双方似乎都认为他有权这样做。之后不久，罗兰退出了治疗，但我继续为凯蒂进行治疗工作。时间一天天过去，罗兰的虐待行为变本加厉，凯蒂开始感到越来越自卑。终于有一天，在罗兰说了一些极其残忍的话之后，凯蒂崩溃了，她开始痛哭。这对她来说是一个转折点。她终于认识到自己正在遭受虐待，以及这对自己造成的伤害。

持续指责/不断挑剔

　　这种情感虐待可以归类于言语虐待，但我选择将其单独列为一类，因为它常常独立出现、不伴随其他形式的言语虐待，也因为有时它甚至刻画了整个关系的典型特征。

　　当有人持续不断地指责你，总是挑你的毛病，永远无法被取悦，并且把一切出错的事情都归咎于你时，其中的伤害性恰恰在于这种虐待的隐秘性和其长期累积的效果。长此以往，这种虐待会侵蚀你的自信心和自我价值感，削弱并破坏你对自己以及个人成就的所有积极感受。

　　当伴侣对你公然指责或大声咆哮时，意识到自己正在遭受情感虐待是相对容易的；但如果你的伴侣以幽默为掩护贬低你，发现这种虐待就十分困难。在以下泰德（Ted）的案例中，他一直没有意识到妻子在情感和言语上对他的虐待，直到他朋友指出了这一点。

泰德："老古板"的案例

　　泰德的妻子朱迪（Judy）是一个爱玩闹、爱笑、爱开玩笑的女性，她喜欢社交，总是聚会的灵魂人物。泰德则是个比较安静的人，他发现朱迪与人相处的轻松自如令他耳目一新，也振奋不已。他经常告诉朱迪，自己渴望变得更像她。所以当他们婚后不久，朱迪开始取笑他是个"老古板"时，泰德也只是跟着一起讪笑。但这只是个开始。随后，朱迪开始在别人面前开泰德的玩笑："请原谅泰德，他今早没睡醒。"泰德将之视为对自己的委婉提醒，提醒自己要多参与对话，于是他迫使自己在社交中更多地谈论自己和自己的兴趣爱好。但每当他这样做时，朱迪会假装打哈欠或翻白眼，暗示他很无聊。而泰德很快就领会到这个暗示，然后缩回自己的壳里。

但朱迪并没有就此止步。她开始挑剔他的穿着、仪态举止和风度。她称他为"教授"——取笑他保守低调的衣着风格。"你连一条带颜色的领带都没有吗？""那套衣服你都穿多久了？"出门前她会抱怨。"站直了，"她会命令道，"你看起来像个疲惫的老头。"虽然有时这些话深深刺痛了泰德，但大多数时候，他只是试着一笑置之。很多时候他认真对待她的话，相信朱迪只是在为他着想，所以他也真的做了一些改变，比如改善体态，购买更时尚的新衣服等。如果有人告诉泰德他正遭受情感虐待，他会说他们疯了。毕竟，朱迪只是在试图帮助他。

直到有一天，泰德在家乡的多年老友劳伦斯（Lawrence）来访，他才开始意识到自己正遭受情感虐待。"劳伦斯对朱迪与我说话的方式感到震惊，"泰德在我们第一次咨询时告诉我，"他惊讶于看到我只是默默忍受，而不为自己辩护。他告诉我，我从一个自信、有亲和力的人变成了一个他几乎认不出的惴惴不安的、孤僻的人。他问我为什么允许她那样对我讲话。当我试图解释这只是她的幽默感时，他说：'胡说八道，她一直在贬低你。'我终于不得不承认他是对的。"

虐待型期望

对伴侣抱有虐待型期望，意味着对伴侣提出不切实际的诉求。例如，个体可能期望伴侣放下一切来满足自己的需求，要求伴侣全神贯注于自己，要求持续不断的性生活，或是要求伴侣所有的时间都花在自己身上，这些都是虐待型期望的表现。拥有虐待型期望的伴侣永远难以满足，因为总有你没做到的地方。你很可能会因为没有满足对方需求，而不断遭受指责。

特莎：满足弗兰克想要的一切

特莎（Tessa）的男朋友弗兰克（Frank）对她的期望堪称极具虐待性。在我们的会谈中，她这样描述他们的关系："从我们关系的一开始，似乎一切都围着弗兰克想要的转。他不喜欢我穿短裙或化浓妆，因为他说那让我看起来廉价。所以我改穿长裙或长裤，减少化妆。他不喜欢我下班后和闺蜜们出去喝酒，因为他担心我会遇到其他男人，所以我就不去了。他自己仍会和他的好哥们儿出去，但他说那不一样。他说男人需要自由，否则就是'妻管严'，会破坏关系。他希望我下班后直接回家，等他处理完事情后会来找我。当然，他来的时候还会想发生性关系。不管我心情如何，不管我有没有兴致——只要他有兴致，我就应该准备好，愿意并能够与他发生性关系。我想最糟糕的是他拒绝使用避孕套。他说那样他没感觉。我告诉他我害怕感染性病，但他向我保证只有妓女才会得性病。我知道他说的不对，但他就是不肯戴，我能怎么办呢？我不知道自己为什么会和他在一起这么久。我知道他在很多方面都不讲道理。但我没有意识到这是一种情感虐待。"

情感勒索

情感勒索是最强大的操纵手段之一。当一方有意或无意地利用另一方的恐惧、内疚或同情心，迫使对方按照自己的意愿行事时，情感勒索便发生了。情感勒索的例子包括伴侣中的一方威胁结束关系，除非他们得到自己想要的；或者一方拒绝或疏远另一方，直至对方屈服于其要求。如果你的伴侣在不满时切断情感交流，给你冷遇，威胁找别人，或者使用其他恐惧战术来控制你，那么你的伴侣正在使用情感勒索的手段。

情感勒索通常非常微妙，而非显而易见。例如，一名女性可能会开玩笑地说，如果她的男朋友想留住她，最好开始在性方面给她更多关注。一名男性为了使妻子按照他的意愿行事，可能会暗示她，她这样的二胎妈妈要重新找对象有多难。再或者，一名男士为了控制伴侣，可能会不断提醒对方外面的世界有多危险。

威廉：萌芽作家的案例

使用情感勒索手段的人也擅长利用愧疚感来达成目的或控制伴侣。例如，我的来访者威廉（William）非常渴望成为一名作家，这是他从小的梦想。但他和妻子高中一毕业就立即结了婚，并很快有了孩子，所以他必须工作养家。但在 40 岁那年，威廉终于攒够了钱和假期，可以参加一个东部的暑期驻地作家工作坊。我还清楚地记得那天他兴奋地冲进办公室，告诉我他被录取的情景：

他难以抑制激动，向我展示他的录取通知书。我从未见过他如此开心的样子。

但威廉的快乐消逝得很快。在一周后，也就是下一次的治疗会面中，我见到他时立刻感觉不太对劲。

"发生什么事了？"我问道。

"这个夏天我不会去作家工作坊了。"他说。

"为什么不去了，是什么让你改变了主意？"我问。

"桑迪（Sandy）不希望我去。她说既然我可以整个夏天不工作，就应该自愿在家照看孩子，让她出去度假。她说她作为家庭主妇和我同样辛苦，为什么只有我能够去度假？她说我很自私，我想她是对的。"

"你认为追求一生的梦想是自私吗？"我问。

"如果这意味着让桑迪不开心，是的。毕竟，正如她经常提醒我的，她曾经美丽动人，本可以嫁给一个更有钱的男人。我没能给她想要的一切。而且，如果我去了，她一定会闹得不可开交。这不值当。"

于是，威廉放弃了参加作家工作坊的机会，搁置了成为作家的梦想。事实证明，他对妻子的责任感超过了为自己和自身需要挺身而出的意愿。正如苏珊·福沃德（Susan Forward）在其著作《情感勒索》（*Emotional Blackmail*，1998）中所写：**恐惧、责任和愧疚感是最有可能让我们陷入情感勒索的特质，因为它们模糊了我们自己的选择，限制了我们的选项，只剩下那些情感勒索者为我们挑选的选项。**

以下是情感勒索的一些警示信号：

- 伴侣要求你在自己和对方想做的事情之间做选择。
- 如果你做了伴侣不希望的事情，对方会让你感觉自己很自私或是个坏人。
- 伴侣要求你放弃某件事物或某人，以此证明你对对方的爱。
- 如果你不按照伴侣说的做，对方就会威胁离开你。
- 伴侣威胁如果你不按照对方说的做，就要扣留金钱或在金钱上限制你。

变幻莫测的反应

这类情感虐待包括剧烈的情绪波动、无缘由的突然的情绪爆发，以及反复无常的反应——例如：对同一行为在不同时间的反应截然不同，今天说东明天说西，频繁改变心意（比如前一天喜欢的东西，第二天又变得讨厌）。这种行为之所以有害，是因为它导致他人，尤其是他们的伴侣，时刻处于紧张状态。作为伴侣，你会感觉头顶悬着一把剑，永远无从得知对方对你的期待究竟为何。与这样的人生活在一起极其艰难且令人焦虑——你总是会感到恐惧、不安和失衡，你必须保持高度警觉，等待伴侣的下一次爆发或情绪变化。

这种行为常见于酗酒和药物滥用者，他们在清醒时和在醉酒或嗑药亢奋时表现出的个性截然不同。这种行为也可能是一些精神疾病的症状，如双相情感障碍，或某种人格障碍，如边缘型人格障碍（Borderline Personality Disorder，BPD）等，这些疾病会导致个体情绪急剧波动，带来情绪爆发（突如其来的愤怒、压倒性的恐惧或焦虑发作），让个体的反应变幻莫测。最后，这些行为也可能是个体遭受创伤后应激障碍或分离性障碍（Dissociative Disorder）的特征，以下案例的情况正是如此。

珍妮：双面卢卡斯

珍妮（Jenny）从来无法预测她的男友卢卡斯（Lucas）会有什么表现。有时，他是她所认识的最温柔的男人，给她送花，带她去浪漫的餐馆，甚至为她写诗。这种情况有时会持续数月。然后突然有一天，毫无征兆地，他的情绪转变了，他仿佛变成了另一个人。他变得极其沉默和封闭，当她试图触碰他时，他甚至会突然对她发脾气，让她离远一点。如果她问他怎么了，他会说"没事"或说他需要一些空间。这种情况有时会持续几天甚至几周，他们几乎不交流。然后，毫无征兆地，卢卡斯会在某天醒来后，重新变回那个迷人温柔的他。当珍妮试图弄清楚发生了什么时，他会露出奇怪的表情，问她："你在说什么呀？"仿佛过去几天或几周什么也没发生过。

持续制造动荡和危机

虽然这种类型的虐待与变幻莫测的反应所带来的后果相似，会让个体感到持续的不安和失衡，但它的特点在于关系中持续的冲突和动荡不安。如果你的伴侣故意与你或他人争论，或总是与他人冲突不断，他们可能"沉迷于戏剧冲突"。对某些人而言，制造混乱为他们提供了刺激，他们可能因为在不安定的环境中成长而不适应平静的状态，或习惯于通过关注外界来转移对自己的问题的注意力，他们也可能内心空虚，因而需要各种事情来填补。持续制造动荡与冲突也是边缘型人格障碍的特征，我们将在第 10 章和第 11 章中进行讨论。

J. C.：无片刻安宁

正如我的来访者 J. C.向我描述的，他与妻子温迪（Wendy）的生活从未有过片刻的安宁。"她总是挑起事端。自从我认识她以来，我几乎想不出有哪一天她没有和别人发生争执，要么是在工作场合和人闹别扭，要么是和她的母亲或姐妹争吵。我每次回家，都不知道自己会面对什么状况：家里可能充斥着喝酒喧哗的人，也可能空无一人——她可能不留任何字条就不知所踪了。"

起初 J. C.被温迪的戏剧性所吸引，但逐渐地，他开始感受到负担。"晚上我睡不好觉，总是紧张兮兮的。我的食欲减退，体重持续下降。我知道这种无休止的戏剧冲突和动荡对孩子们也有影响。"

人身攻击

人身攻击包括持续放大他人的错误，公开羞辱、指责或取笑他人，或贬低他人的成就。这也可能包括通过撒谎或背后议论来影响他人，使他人对某人产生负面看法。人身攻击不仅会在个人层面造成伤害，还可能破坏个人和职业声誉，导致人们失去朋友、工作，甚至家庭。

苏珊和莱斯利：你的玩笑并不好笑

苏珊（Susan）经常在朋友面前取笑莱斯利（Leslie）。这些玩笑话一开始看似无伤大雅，但渐渐地，莱斯利开始怀疑其中暗含的敌意。"她常嘲笑我过于女性化，因为我喜欢烹饪和装饰房子。她称我为她的小主妇。她和她的很多朋友都是运动健将，但我对体育兴趣不大，她也会因此而取笑我。她的言辞中总带着一种优越感，这让我感到很受伤。我曾经跟她提过这点，而她只是让我不要太敏感——暗示这也是我太'女性化'的表现。她似乎特别喜欢在她的朋友面前取笑我的穿着，尤其在她喝了酒之后。我知道因为她对待我的方式，她的朋友们也不把我当回事。我很确信，他们曾经对我有过的尊重早已荡然无存。"

煤气灯式情感操纵

这个词来源于经典电影《煤气灯下》（*Gaslight*）。在这个电影里，丈夫用各种隐秘的手段让妻子质疑自己的感知、记忆乃至理智。即使双方都清楚一些事情确实发生过，这类伴侣也可能仍会持续否认这些事件的发生，或否认自己说过的话；他们也可能暗示对方夸大其词或在撒谎。施虐者可能试图通过这种方式控制对方，或逃避自己行为的责任。这种形式的情感虐待通常是有意识和刻意为之的。有时候，这种手段可能会被一些为了合理化自己的不当、残忍或虐待行为的人所使用，他们可能会为了夺取伴侣财产而损害伴侣信誉，或让伴侣和他人反目成仇。在这个电影中，丈夫采取这些手段，正是为了让妻子和其他人都认为她疯了，以便掌控她的钱财。

维罗妮卡：只是我的"想象"

"有时我觉得自己疯了，"我的新来访者维罗妮卡（Veronica）向我倾诉道，"我丈夫告诉我他爱我，我没有任何理由怀疑他。然而我时常觉得他在故意让我自我怀疑。比如，我在派对上看到他和一个女人眉来眼去，但当我质问他时，他会立誓绝无此事。他会说我只是出于自身的不安全感而想象了这一切，提醒我他只是对待每个人都很友好。我开始说服自己，是我没有安全感，他是一个待人友善的人，很快我开始相信是自己凭空想象了这些事。这种情况常见吗？事情没有真正发生，但想象会让我们以为我们真的看到了？"

尽管在极少数情况下，人们确实会凭空想象，误以为自己看到了一些事情，但在维罗妮卡的案例中，事实上她的丈夫在婚姻期间多次出轨，并使用煤气灯式情感操纵的技巧让维罗妮卡感到困惑和不安。

性骚扰

性骚扰一词通常用来指工作场合中的性胁迫，但事实上个体可能遭受来自任何人的性骚扰，包括来自伴侣的骚扰。性骚扰被定义为被迫或不被受害者欢迎的、任何形式的性相关的言语或身体行为。无论何时，一个人被迫违背意愿进行性接触，都属于情感虐待的一种形式，属于性骚扰范畴。无论是因为个体当时并不想发生性接触，还是她不愿意与该对象发生性接触。强迫伴侣参与其不感兴趣的，或感到不适或反感的性行为，同样被视为性骚扰。性骚扰常常与其他形式的情感虐待相伴而行，如不切实际的期望、持续指责、言语攻击和情感勒索。

瑞秋：性冷淡的故事

瑞秋（Rachel）的丈夫史蒂文（Steven）总是向她施压，要求发生性行为。他不仅每天早晚有性需求，还经常在半夜勃起时把她叫醒，坚持让她"处理一下"。他的性需求是不合理预期的体现，但即便瑞秋顺从了，他也从不满足。"他会抱怨我不够投入，或者说我的动作不对，根本不可能让他满意。"瑞秋在一次心理治疗中与我分享。

如果她拒绝与他发生性关系，瑞秋就会遭到诸如"你就是性冷淡"之类的侮辱。这种言语虐待显然不能让瑞秋变得更热情。"我不明白，他怎么能期望我在被他那样侮辱后，还想和他发生性关系。我得承认，很多时候我只是同意发生性关系，因为相比于承受施压或侮辱，这样做的痛苦要小一些。"

史蒂文还迫使瑞秋参与一些非传统的、令她反感的性行为。当她拒绝时，他会威胁要去找一个愿意配合他的人。这种情感勒索往往总能奏效，因为瑞秋害怕失去他。"我知道这听起来很荒谬，我讨厌这些性方面的压力，但如果他真的去找别的女人，我会更痛苦。我会觉得自己像个失败者，竟然连自己的丈夫都无法满足。我想我内心深处相信他的话，是我性冷淡。我害怕如果他出去和别的女人发生性关系，他就会意识到和我一起错过了什么，然后他就会离开我。"正如你所见，瑞秋已经接受了丈夫的指控和侮辱，这影响了她对自己的看法——这是情感虐待受害者的典型表现。

清晰而一致的重复模式

当你阅读上述描述时，你无疑会认出你或你的伴侣曾经的行为。这是否意味着你或你的伴侣是情感施虐者？这是否意味着你处于情感虐待的关系中？

是，也不是。我们都曾在关系中犯过一些上述错误，我们也都曾有过偶尔被伴侣如此对待的体验，即使他们在其他方面整体而言并无虐待倾向。当关系进展不顺利时，常常会出现很多争吵和口角，伴侣中的一方或双方都有可能诉诸辱骂、指责等他们平时不太会有的行为。或者当伴侣一方或双方在承受巨大压力时，尤其当他们向伴侣表达沮丧的感受以获得支持和理解时，也会陷入这种情形。但是，在剧烈的争执中发生辱骂或指责与生活中日复一日地这样做，两者区别巨大。

同样，频繁抱怨本身不一定是情感虐待，但如果抱怨的破坏性强，且目的在于让伴侣自我感觉糟糕，则属于情感虐待范畴。例如，妻子偶尔抱怨丈夫收入不高并不一定构成情感虐待。但如果她持续说他收入不高就是愚蠢、懒惰且失败的，这就是虐待行为。

只有满足以下条件，指责才被视为情感虐待：

- 它是持续的，而非偶发的。
- 对方意图贬低或贬损，而不仅仅是提出抱怨。
- 对方意图支配和控制，而非建设性批评。
- 对方对你的整体态度是不尊重的，而不仅仅是不喜欢你做的某些具体事情。

例如，在上述例子中，妻子如果除了抱怨之外，还在丈夫每次带薪水回家时给他冷脸，当着他的面和别人抱怨嫌弃他工资低，或威胁说如果他找不到更高薪的工作就要离开他，那她毫无疑问在施加情感虐待。我们可以在她的言行中看到一个清晰而一致的重复模式：她在持续不断地贬低和控制丈夫，正是这个模式构成了她的情感虐待。

外显与内隐的虐待

情感虐待的模式会在外显与内隐两个层面上都有所体现。外显的虐待是公然的贬低行为。比如前例中的妻子，当她公开向家人和朋友抱怨丈夫收入不足，指责他太懦弱，不敢要求加薪时，她在进行**外显的**虐待。

内隐的情感虐待则更微妙，但其破坏力与外显的虐待相比毫不逊色。当丈夫提到他们买不起某样东西时，妻子投以轻蔑的目光，或不经意地暗示也许其他男人会为她购买，这便是**内隐的**虐待。

有意与无意的虐待

许多专家认为，判断行为是否构成情感虐待的另一个标准是看是否有故意成分。事实上，当大多数临床治疗师提及情感虐待时，他们通常指的是故意的虐待。尽管有些伴侣会故意使用言语、手势、冷暴力或恐吓的手段来操纵或控制另一方，但许多人并非带着明确的意图去这样做，尤其是当伴侣中的一方或双方其实是在重复父母的行为时。为了清晰起见，我希望进一步拓宽情感虐待的定义，以涵盖任何伤害他人情感的行为或态度，不论该行为是否有意。

许多施虐者完全意识不到他们的态度或行为具有虐待性，但这丝毫不会减少它们对伴侣或关系的伤害性或破坏性。

即使是那些意识到自己的行为具有虐待性的人，他们这么做也往往出于绝望，而试图在生活中获得控制感。我们所有人在特定情境下，都有可能被激发出情感虐待的倾向。由此可见，情感施虐者并非本质恶劣的坏人。大多数在情感上虐待他人的人，自身也曾遭受过情感虐待，他们只是在重演曾经发生在自己身上的事情。当然，这丝毫不会减轻他们的行为、态度或言语给他人带来的痛苦和伤害。

诚然，也存在一些蓄意且恶意地设法想要摧毁伴侣的人。但大多数情感上虐待伴侣的人，他们这么做要么是无意识地，要么只是将之当作了应对亲密关系压力的一种生存策略。如果我们在童年或早期亲密关系中经历了恐惧、被抛弃、被羞辱或过度控制，成年后进入亲密关系时，就难免重蹈覆辙。大多数人最初对伴侣怀有爱意，否则他们不会选择在一起。但是当伴侣未能达到我们期望，希望落空，或是我们感到被拒绝、背叛或抛弃时，这些爱意会被愤怒所湮没。

复杂的是，**有时我们会因深爱伴侣或自身不安而表现出情感虐待的行为。**这尤其适用于那些"爱得太深"或在关系中迷失自我的人。有时，我们的爱会被不安全感和被抛弃的恐惧扭曲，比如那些过度控制和过度依赖伴侣的人。还有一些人则可能因恐惧亲密关系而变得情感上具有虐待性。

即使是故意的情感虐待也并非总是恶意的。在激情和冲动的驱使下，我们都曾有过让伴侣痛苦的渴望。**如果伴侣让我们感受到了痛苦，我们也希望对方可以对痛苦感同身受。我们可能会故意说出伤人的话语，尽管我们知道这些话语的破坏力。**我们可能威胁离开，尽管我们明知这会让伴侣感到不安。或者，我们可能通过冷战、拒绝亲密接触等方式惩罚伴侣，希望他们因我们的拒绝而痛苦。尽管这些都属于故意的情感虐待，但即使是最有爱心的人，有时也会做出这些行为。

这里我想再次强调，除非存在一个明确的、一以贯之的重复模式，否则不会构成情感虐待。

恶意虐待

还有一种更为险恶且破坏性更大的故意虐待，我称之为恶意（致命）虐待。恶意虐待不仅是故意的，而且是蓄意摧毁他人的。在这种恶意虐待中，伴侣中的一方设法损害甚至摧毁另一方，或因愤怒、嫉妒或仇恨而蓄意和恶意地破坏伴侣的成功、健康或幸福。

练习：你是否存在恶意虐待行为？

尽管承认这点会非常痛苦，但请你尽可能诚实地回答以下问题。记住，除非你对自己完全诚实，否则你无法自救，也无法挽救你的关系。

1. 你是否经常暗中希望伴侣遭遇不幸？例如，你是否希望对方在事业上失败、在竞争中落败，或被他们想加入的组织或社团拒绝？
2. 当伴侣遭遇不幸时，你是否从中得到深深的满足感？
3. 你是否有时会故意让伴侣遭遇不幸？例如，你是否会跟别人撒谎说伴侣酗酒并对你施虐来破坏他们的友谊？
4. 你是否会蓄意破坏或阻挠伴侣追求成功的努力？例如，你可能会把对方的钥匙藏起来，让他们无法及时出门，而在重要会议上迟到。
5. 你是否会故意让伴侣产生自我怀疑，或让对方对自己的现实感知产生怀疑？

如果你对上述任一问题的回答是肯定的，那么你需要为自己的行为承担责任，承诺接受治疗，并深入探索对伴侣如此愤怒或嫉妒的原因。当你纯粹、无杂质地真正深爱一个人时，你会希望那个人快乐和成功，而不会时刻被嫉妒或报复的欲望所吞噬。

如果你对两个以上的问题回答"是"，那么你需要认真思考自己是否应该继续这段关系。这段关系中怨恨可能远多于爱意，也许你有一些严重的个人问题（这些问题很可能来自过去），削弱了你与他人建立亲密关系的能力。同样的，如果你怀疑或发现你的伴侣有时会故意破坏或阻挠你的成功、友谊或幸福，你需要认真思考是否应该继续与这样的人在一起。

虽然我们偶尔都曾幻想过伤害伴侣，偶尔也会在关系中做出一些破坏行为，但如果这种幻想或行为形成了某种固定的模式，则需要寻求个体或伴侣治疗。通过治疗，你们可以探究彼此间的愤怒和消极感受的根源，或寻找方法让自己或伴侣摆脱这种具有严重破坏性的关系的枷锁。

推荐电影

《与爱何干？》（*What's Love Got to Do with It?*，1993），这是一部关于支配与控制的电影。

《煤气灯下》（*Gaslight*，1944），这是一部关于煤气灯式情感操纵的电影。

第 3 章

各不相同的情感虐待关系

> 事实是，如果你没有经历过虐待关系，你无法真的理
> 解那是什么样的经历。
>
> ——沙希达·阿拉比（Shahida Arabi）

有时，个体或伴侣会困惑于自己是否处于情感虐待的关系中，因为他们的情况与书籍或其他情感虐待专家描述的不尽相同。但情感虐待关系并非只有一种类型——而是多种多样的。我发现主要存在以下七种类型：

1. 一方虐待，另一方忍受。
2. 一方虐待，另一方选择反击。
3. 双方自交往之初，就持续相互间的情感虐待。
4. 谁在虐待谁并不明确。
5. 一方诱使另一方开始情感虐待。
6. 一方或双方因精神疾病或人格障碍而产生虐待倾向。
7. 一方或双方具有虐待型人格。

七种类型的情感虐待关系

类型 1：一方虐待，另一方忍受

大多数人想到情感虐待时，往往想到的是这种类型。尽管施虐者常将问题的根源归咎于伴侣，但很多时候，伴侣并未以任何方式促成虐待的发生。

通常，伴侣可能促成虐待发生的唯一方式，是表现得过于顺从或过于宽容。格洛丽亚（Gloria）和她的丈夫保罗（Paul）便是一例。格洛丽亚是我朋友的姐妹，她是一个控制欲非常强的女人，希望凡事都要按她的意思来。她像对待孩子一样命令丈夫保罗。有一次，我邀请格洛丽亚与丈夫保罗、我另一个朋友罗娜（Rona）与丈夫艾尔（Al）来我家聚会。聚会结束后，他们四人坐上保罗的车，准备离开。格洛丽亚坚持让保罗把座椅往前调，以便给艾尔留出足够的空间。保罗照做了，但格洛丽亚仍不满意。"给艾尔更多空间，"她坚持道，"把你的座椅再往前移一点。"于是保罗继续把自己的座椅向前移，他的腿看上去几乎已经缠绕在方向盘那儿了。格洛丽亚再次看向后座，确认艾尔是否有足够的空间。在我看来，他的空间已经足够了，因为他的腿和后座之间还有空隙。但格洛丽亚并不满意。"我叫你把座椅往前移。"她一边用手拍着保罗的头，一边对着他大喊道。

这就是格洛丽亚对待保罗的常态。她无情地指挥他，而他无论做什么似乎都是错的。她最常发表的评论是"你有什么毛病"和"我不敢相信你能这么蠢"。保罗似乎在竭力地讨好她，也从不因她对待他的恶劣方式而生气。当保罗回答别人的问题时，格洛丽亚经常会纠正他的回答。"你说错了，"她会厉声说，"你怎么什么都做不好呢？"

保罗从不与她争辩，也不反驳她。他只是向周围能听到他们对话的人报以尴尬的微笑。在他开口之前，他通常会先看看格洛丽亚，仿佛在寻找某种许可，确认自己可以说话。有时我甚至看到他开始往某个方向移动，但随即停下来四处张望，似乎无法为自己决定走哪条路。这真是令人伤心。

保罗是一个礼貌、体贴的男人，我从未发现他的行为有任何不妥而让格洛丽亚如此待他。尽管我不清楚他们关起门来的关系如何，但看起来无论格洛丽亚的行为有多暴虐，保罗似乎只是在默默忍受。据我观察，这显然属于一方在几乎没有任何缘由的情况下，在情感上虐待另一方的例子。

在这种一方虐待的情况下，受虐的一方可能没有意识到自己正在遭受虐待，或者他可能尝试过让施虐方停止虐待，却无济于事。他之所以忍受虐待，可能是因为害怕而不敢离开这段关系，或觉得遭到的对待是自己应得的，或觉得自己太爱伴侣而无法离开对方。这类虐待通常具有以下特征：

- 一方学会了忽视或忽略另一方的不友善和不尊重。
- 一方不断地为另一方的虐待行为找借口。
- 一方总感觉自己是错的。
- 一方的现实感知、观点和反应经常被质疑，觉得自己的情绪感受也是不对的。
- 一方在关系出现问题时总是自责。
- 一方为伴侣的不开心而责怪自己。
- 施虐方持续否认对问题负有任何责任。
- 施虐方经常否认虐待事件的发生。

类型 2：一方虐待，另一方选择反击

在这种情况下，一方可能先开始了虐待，但后来另一方也同样变得具有虐待性。后者之所以会发展出虐待倾向，有时是出于对伴侣伤人的言语或行为的报复，有时是出于自我防卫。他们可能忍受虐待多年后才进行反击，也可能在虐待开始后很快就选择了反击。

我经常在咨询中听到这样的故事，很多人最初非常爱慕自己的伴侣，尽力取悦对方，努力表达爱意——结果却只换来对方的冷漠、拒绝、不屑和轻视。没多久，他们感到如此受伤和

不被珍惜，以至于他们也开始用冷漠和出口伤人的方式回击。

在另一些情况下，这个过程则可能比较缓慢，一方可能逐渐地开始对另一方表现得不尊重，乃至贬低对方，而另一方最终开始以同样的方式回击。这就是瑞贝卡（Rebecca）和肯（Ken）之间的状况。正如瑞贝卡向我说明的那样：

"这似乎是逐渐发生的。一开始，肯会挖苦我在食材上花的钱太多，对我厨艺表达不满。他会说类似这样的话：'花那么多钱买吃的，我以为能吃上一顿像样的饭。'他也会当着客人的面这么说。我试着无视他的话，虽然我内心很受伤。

后来，他开始在别人面前像对待仆人或奴隶一样使唤我。家里来客人时，他不会以礼貌的方式询问我，而是会直接给我下达指令。他甚至开始用打响指的方式来使唤我。我认为这么对待服务员都是十分粗鲁无礼的，更不用说是对妻子了。

我尝试过和他沟通这件事，但他只是敷衍了事，说我太敏感了。最后，我厌倦了向他解释，开始以其人之道还治其人之身。当他当众抱怨我的厨艺时，我会说：'哦，但这没有阻止你吃，对吧，肯？你的肚子越来越大了。'他会和其他人一起笑，但我心里知道我戳到了他的痛处。

事情就这样继续下去。他贬低我，而我则找办法回击。逐渐地，我们对彼此的尊重几乎荡然无存。我们几乎什么话都说得出口。我已经筑起了防线，不再让他的言语伤害到我，但在这个过程中，我也失去了对他的所有柔情蜜意。我对他完全失去了性趣，我不记得我们上次拥抱或对彼此说些好听的话是什么时候的事了。

我们更像是敌人而非爱人。"

类型 3：双方自交往之初，就持续相互情感虐待

在这类关系中，双方已经相互在情感上进行了一段时间的虐待——一般始于关系初期。通常而言，这类虐待始终是相互的，虐待的程度也相当均衡。洛茜（Roxie）和山姆（Sam）的情况正是这样，我为写这本书而采访了他们：

"山姆和我几乎从一开始就在情感上互相虐待对方。我们俩都相当没有安全感，我想我们之所以会这么做是因为我俩都很容易感到受伤。我们很快相爱，关系一开始就充满张力和激情。我们都为对方所倾倒。当我们在一起后，我们的生活彻底改变了。我们都抛弃了所有朋友，必须时刻和彼此在一起。但我想这使我们过于依赖彼此，也过于脆弱。

谁知道是怎么开始的呢？我说了些伤害他的话，他也回敬一些伤害我的话。某天早晨，当我试图亲热时，他冷淡地推开我，于是下次他想亲热时，我就会拒绝他。他说想去见他的老朋友，我会感到受伤，然后我就和我的闺蜜们出去喝得酩酊大醉、很晚才回家，以此报复他。这样的事情一再发生，而现在我们不知该如何停止。我们彼此深爱，但我们彼此伤害太多——我担心如果找不到停下来的方法，我们要么会毁掉爱情，要么会毁掉彼此。"

在伊丽莎白·泰勒（Elizabeth Taylor）和理查德·伯顿（Richard Burton）主演的经典电影《灵欲春宵》（*Who's Afraid of*

Virginia Woolf?）中，我们看到了对这类关系的精巧演绎。电影一开始，泰勒扮演的玛莎（Martha）给人的印象是个大嗓门的、粗鲁而令人讨厌的女人，并且她一直在言语上虐待和支配由伯顿扮演的丈夫乔治（George）。当他们参加完派对回到家时，她抱怨："家里简直是个垃圾场。"当乔治不记得贝蒂·戴维斯（Bette Davis）在哪部电影里说过某句台词时，她责备说："你什么都不懂吗？"她叫他"笨蛋"，然后嘲讽他："你什么都做不成。"

你不禁为这个可怜的男人感到难过。他为什么要忍受这样的对待？我们作为观众忍不住发问。乔治越是忍受玛莎的侮辱和嘲笑，她就越变本加厉。当乔治向她投去一个苦涩万分的表情时，玛莎讽刺道："可怜的乔治——受尽委屈的小白菜。"之后她继续说："你让我恶心。真是个懦夫。"

但没过多久，乔治的真面目就露出来了。他以被动攻击的方式，巧妙地将侮辱融在对话中。他随意地评论玛莎如何对每个人"驴叫"，并悄悄提到她的"大板牙"。当她让他倒酒时，他警告她不要喝太多，然后——似乎乘胜追击——变得更加大胆地说："没有什么比看到你酒喝多了，裙子翻过头顶更令人作呕的景象了。"当她喝了一口酒后，他说："我的天，瞧你这胡塞海喝的样子。"稍后，他说："你真是当之无愧的'最令人厌恶奖'得主。"

你会发现，这两人在某种悲哀的层面上非常般配。他们互相施加的虐待旗鼓相当。我们无从得知谁是始作俑者——但我们能看到，这一场相互伤害的较量会持续到终点。

虽然在这个电影里，他们的关系看起来像是夸张的表现手法，但事实是，它准确描绘了一些伴侣之间发生的情感对决。伴侣轮流在情感上虐待对方的情况并不罕见。正如一位来访者对我所说："我们不断往复，有时我对他不友好，说些伤人的话，而有时则是他对我不好。谁对谁不好取决于关系中的情况，看谁在当下感觉更有安全感，谁更没安全感。"

以下问卷将帮助你确定你是否处于这种相互虐待的关系中。

问卷：相互虐待的关系类型

1. 你和你的伴侣是否经常用尖酸刻薄的评论、讽刺和指责相互贬低？
2. 你们是否以令对方屈服为目的，故意提起对方过去的失败和错误？
3. 你们是否因为自己生活中的问题互相指责对方？
4. 你们是否各自将关系中的问题归咎于对方？
5. 你们是否故意以调情或谈论某异性的吸引力的方式来让对方嫉妒？
6. 你们是否频繁抱怨对方的行为？
7. 你们是否用冷暴力来惩罚对方？
8. 你们是否通过剥夺性爱或关爱的方式来惩罚对方？
9. 你们是否不断竞争，看谁更聪明、更有成就、更受欢迎或更有吸引力？
10. 你们是否利用对方的弱点和不安全感来对抗彼此？
11. 你们是否出于自身不安全感，试图使对方远离朋友和家人？

类型 4：谁在虐待谁并不明确

有时在亲密关系中，不好区分究竟是谁在情感虐待谁。有些施虐者非常擅长转移责任，颠倒黑白。有些人会故意使用第 2 章中描述过的煤气灯式情感操纵的技巧，让伴侣怀疑自己的感知，或者开始觉得自己疯了。还有的人可能会过于关注自己感受到的来自对方的情感虐待，而忽略了自己的行为所造成的伤害。尤其是一些患有边缘型人格障碍的人（见第 10 章），他们常常视自己为无助的受害者，尽管实际上可能是他们自己的行为促成了这种局面。

以下案例就是一个很好的例子。当我一开始见到克里斯汀（Christine）和凯尔（Kyle）的时候，最初并不清楚究竟是谁在虐待谁。

在我们的第一次会谈中，克里斯汀坚持说她的丈夫凯尔在情感虐待她。"他总是对我非常轻蔑，充满敌意。他经常觉得我的想法和观点都很愚蠢，无论多小的事情他都要和我争论。他总是反对我养育女儿的方式，我觉得他根本不相信我可以当一个好妈妈。"

听完克里斯汀对他们婚姻问题的看法，乍看之下她说凯尔在情感虐待她不无道理，但那是在我听到凯尔的解释之前。

"如果不对克里斯汀说的每句话、做的每件事全都表示赞同就叫作'充满敌意'，那你可以这么说我。她不喜欢我有不同意见。她会说我不支持她。比如，她会向我抱怨一个朋友做的事情，而我知道她只是想让我倾听并表达支持，比如'她那样对你真是太糟糕了'。但我了解克里斯汀，我知道她对每一个人都充满了挑剔和评判。我也知道她可能会让别人非常生气。所以，我会说：'我相信她只是在生你的气。她一直都是一个非常好的朋友。我相信你俩能解决问题的。'而这会让她对我大发雷霆，她会对我大喊大叫，说我从来不站在她这边，说我更像敌人而不是伴侣。她总是对我充满抱怨，我甚至在想我们是不是不应该继续在一起了。我离开过几次，但她总是给我的工作单位打电话，求我回家。当我有所犹豫的时候，她就威胁说如果我不回去，她就会自杀。"

　　显然，凯尔的轻蔑或敌意并非故事的全貌。而在我下一次见到他们时，整个故事清晰地呈现了出来。克里斯汀开始继续向我解释他们的关系。凯尔静静地坐着，让她说完，然后说他对事情的看法有点不同。克里斯汀勃然大怒，对我说："你明白我的意思了吧？我说什么他都不同意。"当我向克里斯汀提出，凯尔有权不同意她的观点，她很生气，开始怒吼，说我根本不知道和凯尔在一起的生活是什么样的。她站起来在房间里来回踱步，口中念念有词说凯尔毁了她的生活，是个混蛋。接着她又转向凯尔，说他简直不算个男人，没有女人会想和他在一起。

　　凯尔似乎在我面前崩溃了。他没有和她争论，也没有以任何方式反击，而是低下头，看向地面。显然，克里斯汀经常这样情感虐待他。

　　克里斯汀这样的情况很常见，**那些自身曾经经历过情感虐待的人常常会感觉自己在被伤害，哪怕在他们对别人施加情感虐待时也不例外**。这里面的原因有很多。首先，许多在童年时遭受过情感虐待的人（特别是被父母一方或双方在身体或情感上拒绝或抛弃过的人），他们会过于敏感，极易感受到别人的拒绝或抛弃。对克里斯汀来说，每当有人与她看法相左时，她都会感受到被拒绝。虽然她自己总是挑剔和评判别人，但如果有人不同意她的观点，她就会将其解读为对她的指责。

　　其次，一些在童年或过往关系中遭受过情感虐待的人，尤其是那些曾遭受过过度控制或令人窒息的爱的人，往往会对任何看似控制的行为都表现出极度的敏感，哪怕是在他们自己对他人施加控制时。对他们而言，对关系的承诺本身也会带来情感上的束缚感。因此，他们可能会在关系中不断制造冲突与混乱，这样可以给他们带来一种从亲密关系的压抑和束缚中解脱出来的自由感。

最后，遭受虐待最常见的后果之一，就是个体会变得过度敏感。那些曾经经历过虐待的人往往会发展出一套雷达系统，能敏锐地识别出他人的话语或行为里是否有任何可以被负面解读的部分。由于他们已经习惯了遭受指责、反对或负面评判，所以他们经常会从别人说的话中听出这些意思，哪怕别人并无此意。然后他们也会因此采取相应的行动，其表现常常也较为极端。童年情感虐待的受害者常常因为一点小事就大发雷霆，对周围的人破口大骂，或开始破坏家中物品。

类型 5：一方诱使另一方开始情感虐待

有时，伴侣中的一方会故意挑事，让对方失去冷静，从而使对方做出看似虐待性的行为。也有时，这一切的发生可能都是无意识的，比如伴侣中的一方做出了太过伤人或者不尊重对方的行为，导致另一方变得愤怒甚至失控。尽管虐待行为永远没有借口，但一个人在被逼到极限时，很难不用同样的方式回击。

德瑞克（Derrick）和史蒂芬妮（Stephanie）已经约会一年多了。德瑞克在城外工作，一天他邀请史蒂芬妮周五晚上共进晚餐。他让史蒂芬妮给他打电话，以便他告诉她来赴约的时间。史蒂芬妮在下午 3 点和 4 点各打了一个电话，但都没有人接。到了下午 5 点，她还是没有收到他的回音，他的手机也没有人接，她开始担心他可能出了意外。他总是随身携带手机，从未不带手机出门过。晚上 7 点，她又给他的手机和家里的座机打了电话，但两边都没有人接。此刻，她非常担心，于是给她的朋友——德瑞克的隔壁邻居打了电话，问她有没有见到德瑞克。邻居说，没看到德瑞克的车。

史蒂芬妮继续给德瑞克家打电话，而他在晚上 9 点后终于接了电话。"哦，谢天谢地你没事！"她紧张得声音都有些发颤，终于在听到他的声音后松了口气，"你去哪儿了？"

"我不想回答这个问题。"他有些提防地说。史蒂芬妮试着解释："我担心死了，怕你出了什么事。你为什么不给我打电话？为什么不接手机呢？"

"我忘了。我为什么要打电话给你？"

"因为你邀请了我吃晚饭呀。你让我给你打电话确定时间。我还以为你出车祸了。我太担心了，还给玛茜（Marcie）打了电话。"

"你说什么？你为什么要把她扯进来？你有什么毛病？"

此时史蒂芬妮彻底炸了。她开始对着电话里的德瑞克怒吼："我有什么毛病？你有什么毛病？你找我吃饭，让我给你打电话，但是你连手机都不接。我还能怎么想？你从来手机不离身。我能不担心你出事了吗？不然我还能怎么想？"

"我不想听你说这些。你简直像个疯了的跟踪狂。你吓到我了。"说完他就挂断了史蒂芬妮的电话。

第二天，德瑞克手里拿着花出现在史蒂芬妮的门前，告诉她他爱她。

你怎么看待这件事？你认为德瑞克不给史蒂芬妮打电话有错吗？你是否觉得任何人在这种情况下都会担心，所以可以理解史蒂芬妮的行为？或者你是否同意德瑞克的看法，认为史蒂芬妮表现得像个跟踪狂，不应该把他的邻居牵扯进来？

在与德瑞克和史蒂芬妮一起工作了几次后，我发现显然他俩都有一些核心议题需要解决。原来，德瑞克实在是太厌恶承诺了，以至于他甚至无法承诺约会的时间。他希望史蒂芬妮给他打电话，就是以防他改变主意，决定不和她吃晚饭。他的做法让史蒂芬妮处于一个劣势的地位，而这正是他想要的状态。他不带手机，也不给她打电话，就是故意要吊着她。他甚至最终承认，有时他会故意惹她生气，这样他就有远离她的借口了。

史蒂芬妮在这一局面中的责任是，她始终都在配合德瑞克的游戏。当他要求她给他打电话的时候，她就应该拒绝，并尝试让他定下一个确切的约会时间。如果他无法确定时间，那她就应该拒绝约会。但史蒂芬妮非常需要陪伴，并且害怕孤独，所以她愿意配合德瑞克，以换取他有时会给予她的好处——关注和爱。

虽然史蒂芬妮的担心可以理解，但她给德瑞克的邻居打电话的行为确实越界了，德瑞克有充分的理由生她的气。史蒂芬妮无法只是焦虑地坐着，于是她采取了行动，但她的行动是不恰当的。当她试图寻找他的时候，她表现得更像是一个母亲而不是女朋友。

类型 6：一方或双方因精神疾病或人格障碍而产生虐待倾向

科林（Colin）讨厌早上起床。他知道他一起床就会立刻迎来妻子的指责和抱怨。

> 她每天都在重复抱怨同样的事情：说我赚的钱不够养老，说她有多害怕自己最终流落街头、忍饥挨饿。无论我如何向她保证我们有很好的退休计划，并且退休时我们会有足够的钱来确保舒适的生活，但我似乎永远都不能让她安心。然后她又会开始旧调重弹，说我骗她嫁给我——说我让她误以为我比实际上更有钱，说我并不是真心爱她，只是把她当作性工具。二十多年来，我每天都在听同样的指控，而我说什么都没有用。我说我从未有意暗示自己有更多的钱，而是她基于我开的车和我的职业做了一些假设。我告诉她，我过去和现在都全心全意地爱她，就算我们再也没有性生活了，我也不在意（顺便说一下，我们几乎没有性生活），但这些话似乎一点用都没有——就像往一个破了洞的水桶里倒水一样。

她可能会安静几分钟，但很快她就又开始抱怨别的事情了——我该修修家里的一些东西了，我对某人说的话伤害了她的感情——没完没了。谢天谢地我还得去工作，否则我就要整天听着这些抱怨——我的周末就是这样的。她会跟着我从一个房间到另一个房间，哭泣，喊叫，对我进行一连串的指控。我感觉自己在家里就像个犯人一样。我不知道该怎么办。

科林能做的真的非常少。他关于破洞水桶的比喻实际上非常深刻，因为它精确地描述了一种特定的人格障碍。从科林的描述来看，他的妻子可能受到边缘性人格障碍所带来的强迫思维的困扰，我们会在后面的章节讨论这个问题。科林需要接受事实，他正在遭受情感虐待，而他的妻子需要专业的帮助。

类型 7：一方或双方具有虐待型人格

有些人可以说是有"虐待型人格"。尽管他们有时可能表现得颇具魅力，在必要时也能在公众场合戴上一副虚假的面具，但他们具有以下这些基本人格特征：

1. 需要支配和控制他人；
2. 倾向于将所有问题都怪在他人头上，将所有挫折都发泄在他人身上；
3. 言语虐待；
4. 频繁的情绪爆发，有时会伴随肢体暴力；
5. 面对真实和想象中的轻视或冒犯时，强烈地需要报复和伤害他人；
6. 坚持要让别人"尊重"自己，却不给予他人尊重；

7. 把自己的需求放在首位，毫不掩饰地无视他人的需求和感受。

这些人几乎会破坏每一个与他们接触的人的生活。他们会对同事或下属进行言语虐待，对服务人员粗鲁无礼，用控制且专横的方式对待自己的孩子。在遇到问题的时候，他们总是责怪别人。当这类人与伴侣建立亲密关系时，他们的伴侣无论做什么都不可能阻止虐待的发生，唯一的希望就是尽可能远离这个人。

推荐电影

《灵欲春宵》（*Who's Afraid of Virginia Woolf?* 1966），这是一部关于关系中双方互相虐待的电影。

第二部分

治愈童年创伤和问题模式

如果想要治愈你们的关系，你和你的伴侣都需要做出改变。再次强调，这并不意味着是你导致了伴侣的虐待行为。他们的虐待行为往往源自他们自身的童年经历。你们可能在童年时期都有过被虐待或被忽视的经历，而我所说的改变，指的是完成这些经历中的未完成事件。在本章和接下来的两章中，我们将重点讨论你们每个人要如何完成这项工作。

举例来说，如果你对伴侣施虐是因为你把对母亲的愤怒投射到了伴侣身上，那么你需要将当前的愤怒和过去的愤怒联系起来，并找到建设性的方式来释放这种愤怒。如果你总是任由伴侣对你颐指气使，无法在关系中维护自己，那么你需要找到这种行为的根源，并采取直接或间接的方式，去面对最初虐待你的人。

第 4 章

源自童年的问题模式：
我们因何实施或忍受虐待

"童年的事件不会随风而逝，而是像四季轮回般不断重演。"

——埃莉诺·帕杰昂（Eleanor Parjeon）

成为情感虐待的受害者绝非有意识的举动，尤其是当伤害来自自己所爱之人的时候。成为情感虐待的施害者往往也是无意识的，尤其面对自己关爱之人。那么，你是如何走到今天这一步的呢？你为什么会处于一段存在情感虐待的关系中？你为什么会开始情感虐待你的伴侣，或者被你的伴侣情感虐待？对一些人来说，为什么你和你的伴侣会互相情感虐待？

在本章中，你将找到这些问题的答案。你还将了解到我们是如何从小发展出某些不健康的行为模式的。这些模式可能会伴随我们一生，直到我们开始理解它们，打破它们，并用更健康的模式来取代它们。

如果你正处于一段情感虐待的关系中，那么你很可能在童年时遭受过情感、身体或性虐待。**这个说法可能听起来有些极端，但相信我，它并不极端。事实上，除非在童年时遭受过虐待，否则很少有人会在成年后忍受情感虐待。而几乎所有对他人实施情感虐待的人，都在童年时遭受过虐待。**

练习：你小时候遭受过虐待或忽视吗？

通常，我们会觉得自己在成长过程中被对待的方式是正常的、理所应当的，而没有意识到有些行为其实属于虐待或忽视。

情感虐待有时看起来如此无害，留下的伤痕又如此隐蔽，以至于很多人都没有意识到自己小时候遭受过情感虐待。对儿童的情感虐待包括下面几个类别。试着标记出你遭受过的每一种虐待。

- □ 对生理需求的忽视——父母不给孩子足够的食物，或者不给孩子提供基本的生活必需品，比如衣物、住所或必要的医疗服务。
- □ 情感忽视或剥夺——父母不关心孩子，不和孩子说话，也不抱孩子，无法在情感上回应孩子。尤其是酗酒的父母，他们往往会忽视孩子的需求。
- □ 抛弃——父母把孩子"送给"别人抚养，父母长时间将孩子单独留在家中或车里，或者不在约定的时间和地点接孩子。
- □ 言语虐待——总是贬低孩子，辱骂孩子，过分地批评孩子。
- □ 侵犯边界——不尊重孩子对隐私的需求，例如，当孩子在浴室里的时候，经常不敲门就进去，或者习惯性地翻看孩子的私人物品（而不只是监控问题儿童的行为）。
- □ 情感层面的性虐待——父母与孩子建立了不当联结，父母可能利用孩子来满足自己在感情上的需求，这时亲子关系很容易变得浪漫化和性化（sexualised）。
- □ 角色颠倒——父母期待孩子满足自己的需求；本质上是期待孩子来当父母或照顾者。
- □ 混乱型虐待——在一个几乎完全不稳定、充满动荡和冲突的家庭中长大。
- □ 社会性虐待——父母直接或间接地干涉孩子和同龄人交往，或者未能教给孩子必要的社交技能。
- □ 智力性虐待——父母嘲笑或攻击孩子的思考，不允许孩子与父母有不同的观点。

我会在下一章中更详细地介绍不同类型的情感虐待、身体虐待和性虐待。

强迫性重复

童年期遭受过情感虐待的人所形成的最重要的模式之一就是"强迫性重复"。这是一种无意识的驱动力，驱使我们重复自己小时候经历过的虐待关系，并试图获得与过去不同的结果。强迫性重复驱使我们将过去的渴望、冲突和防御转移到现在，试图以这种方式改变过去。在它的驱使下，我们一遍又一遍地重复经历着同样的故事，期盼着这一次的结局会有所不同。

正如《必要的丧失》（*Necessary Losses*）一书的作者朱迪思·维奥斯特（Judith Viorst，1986）所说：**"我们爱上什么样的人，以及我们如何去爱，都是早期经历的重演，无意识的重演，即使这种重演会带给我们痛苦……除非我们能够有所觉察和领悟，否则悲剧将会不断重演。"**

虽然每个人的行为模式的表现形式可能有所不同，但其根源都是相同的。除非我们意识到自身模式的根源，否则我们注定会在一生中一遍又一遍地重复这种模式。例如，假设你的母亲对你非常冷漠，总是拒绝你。每次你向她寻求爱或安慰时，她都会拒绝你，说她太忙或太累，没办法关注你。如果你继续坚持，或者因为她的拒绝而显得沮丧，她就会嘲笑你，叫你爱哭鬼，或者指责你要求太多。

当你成年后，可能会选择与一个对待你的方式和你母亲相似的伴侣在一起。无论你如何乞求、哄骗或要求，都无法让对方关注你。或者，就像一种自我实现的预言一般，你可能会变得在关系中过度索取，以至于你的伴侣不得不拒绝你，而最终变得像你的母亲一样。

或者，你也可能会在关系中变得非常像你的母亲——冷漠、疏远，保持距离，不支持也不关注伴侣。而如果你的伴侣对此有所抱怨，你就会指责伴侣太自私、要求太多。

如果你是男性，对母亲的愤怒可能会转化为你对伴侣情感或身体上的虐待。如果你是女性，你可能会咽下对母亲的拒绝的愤怒，并将愤怒转向自己，而产生严重抑郁。你可能已经变成了一个典型的被动、顺从的"妻子"，任由伴侣完全控制和支配自己。

在很大程度上，强迫性重复解释了为什么你父母中的一方曾经在言语上虐待你，那么你很可能也会在言语上虐待你的伴侣（以及你的孩子）。如果你父母中的一方或双方过于控制或专横，那么你很可能也会用控制、专横的方式对待你的伴侣（以及孩子）。如果你父母中的一方或双方非常挑剔、对人充满评判，那么你很可能也会如此。与其他形式的虐待一样，情感虐待就是这样代代相传的。有太多这样的案例，长大后我们就不幸地变成了我们的父母——尽管我们已经尽了最大的努力，想要成为与他们不一样的人。

我的故事

在我的身上，事情就是这样的。我被一个极度疏远、冷漠、挑剔并且喜欢评判的母亲抚养长大，我发誓要成为一个更有爱心、更接纳他人的人。我从小就看起来和我的母亲截然不同。我性格外向，善于交际，这让我性格拘谨的母亲感到尴尬而惊讶。随着我逐渐长大，我很自豪自己能够接纳和包容任何人，不论他们的宗教、种族或经济背景如何（我的母亲对他人充满了偏见，而且有点势利）。因为我非常害怕我会变得像我母亲那样在情感上虐待他人，所以我在与男性的关系中往往表现得很被动。我会同意他们所说的一切，顺应他们想做的任何事情。但是不知不觉中，我还是成为一个情感上的施虐者。由于我非常没有安全感，我变得极其容易嫉妒，且占有欲极强。我总是反复寻求男朋友的保证，并经常控诉他不爱我。我经常情绪爆发，尤其是在我喝酒的时候（我母亲酗酒）。尽管我的行为已经算是情感虐待了，但我当时完全没有意识到。事实上，我在大多数关系中都觉得自己才是受害者。从来没有人真正对我好，也从来没有人真心爱我。

后来在心理治疗的帮助下，我变得更有安全感，不再那么容易嫉妒，情绪爆发也减少了。但是多年后，当我在写《在情感上受虐的女性》（*The Emotionally Abused Woman*）一书时，我震惊地发现自己变得像母亲一样挑剔且喜欢评判。

珍妮的案例：一位与像父亲一样的男人交往的女人

强迫性重复也可以以相反的方式运作。你可能没有变成你的父母，而是选择了和父母相像的人交往。我们都听过这样的说法——"他娶了他的母亲"或者"她嫁给了她的父亲"。不幸的是，这种说法确有其事。如果你的母亲经常在言语上虐待你的父亲，那么你可能也会娶一个会在言语上虐待你和孩子的女人。如果你的父亲专横且控制欲极强，那么你很可能会与支配你、控制你的男人交往。

我的来访者珍妮（Janine）在和一个男人交往，这个男人非常像她的父亲，尽管她在我指出这点之前完全没有意识到。我们往往都需要第三方——比如心理治疗师或亲密的朋友——来帮助我们发现自己的行为模式，虽然这些模式可能在其他人眼里显而易见。珍妮的父亲几乎从没有时间陪伴她。他大部分时间都不在家，就算在家的时候，他也会把自己关在书房里。珍妮非常渴望与父亲共度时光，她觉得一定是自己有什么问题，才会让父亲不想和自己待在一起。她变得非常自我苛责，想着如果她在学校里表现得更好一些，或者如果她能和父亲聊一些有趣的事情，或者如果她更漂亮一些，父亲就会更爱她。于是，珍妮开始了持续一生的自我苛责和完美主义的模式。如果有人拒绝她或者对她不好，她不会对他们生气，而是会对自己生气。

珍妮的父亲是一个很有魅力的男人。尽管他大部分时候都忽视了女儿和妻子，但当他和她们在一起的时候，她们却很容易忘记这一点。他会让珍妮感觉她就是他的唯一，对她宠爱有加，满足她的每一个需求，被她讲的笑话逗得哈哈大笑，向她表现出无尽的爱意。他会带她去公园玩一整天，带她去豪华餐厅享受丰盛的午餐，对待她更像是对一个约会对象，而不是自己的女儿。但是往往第二天，他就会宣布他要出城，珍妮和她的母亲几周都无法见到他。然后他会回家，再把自己锁在书房里，重新开始整个循环。

这种情况贯穿了珍妮的童年早期。直到有一天，一个女人打电话给珍妮的母亲，告诉她说自己是珍妮父亲的女朋友。原来，他和这个女人有长达数年的外遇，他一直承诺有一天会离开妻子和她在一起，而她终于厌倦了他虚假的承诺。当珍妮的母亲质问他此事时，她的父亲继续向妻子撒谎，坚称那个女人之所以这么说是因为自己拒绝了她，她在试图报复自己。他的言辞非常令人信服，所以妻子真的相信了他，直到那个女人出现在门口，带着证明他们确实一直在一起的照片。

在二十几岁的时候，珍妮一直都在与那些难以接近但又充满魅力的男人交往，就像她的父亲一样。当他们太忙，没有时间和她在一起时，她会责备自己，认为是自己不够有趣，或无法在性方面取悦他们。她不知道，自己正在与像她父亲一样的男人交往，而这其实是她处理自己对父亲的矛盾情感的徒劳之举。

珍妮现在的男朋友几乎是她父亲的翻版，他们的关系很明显重演了珍妮父母之间发生的事情。马歇尔（Marshall）晚上和周末都要工作，所以珍妮经常是孤独地一个人待着。虽然她很希望他能改变一下时间安排，给她更多陪伴，但她还是努力地让自己多体谅他。珍妮不知道的是，在他们交往的前八个月里，马歇尔一直在和另一个女人约会。当珍妮发现这一点时，她伤心欲绝，但马歇尔仍然能够用自己的魅力摆脱困境，让珍妮相信他再也不会骗她。直到后来有一天，珍妮发现马歇尔从未真正与他的前女友分手。她感到悲痛欲绝，哭得不能自己。突然间，她意识到自己正在重演与父母过去一模一样的场景。"你可以把录像带倒回 20 年前。我的表现和我母亲发现我父亲有外遇的时候完全一样。我甚至发现自己对马歇尔大喊'收拾你的行李，滚出去'，就像我母亲当时对我父亲大喊的一样。"

　　由于强迫性重复是一个无意识的过程，所以就像珍妮一样，很多人往往意识不到自己的模式。我们很多人都会发现自己结束了一段情感虐待的关系，却在下一次又陷入类似的关系之中。事情就这样一次又一次地重复着，而我们却往往对此浑然不觉。我们可能渐渐发现自己的历任伴侣都倾向于用类似的方式对待自己，但我们往往会用"男人都这样"或"女人都这样"来解释这一现象。或者，我们会责备自己。一位来访者最近对我说："一定是我做了什么，才让所有这些男人都这样对我，但我想不出来我到底做了什么。难道我的脸上写着'你可以随意糟蹋我'吗。我真的想不明白。"

　　尽管你可能确实会散发一些信号，让施虐者隔着八丈远就能注意到你——我们稍后将讨论这一点——但重要的是，这不是你的错。你在无意识中急切地试图找到一个像你父母那样情感虐待你的人，这样你就可以重演这段关系，并修改结局。就好像你的潜意识在说，"只要我这一次做出改变，我就能让母亲（或父亲）不再虐待我"，或者"只要我有足够的耐心和爱心，我就能让父亲（或母亲）爱我"。虽然你的伴侣实际上并不是你的父母，而只是某个行为或外貌像他们的人，但你的潜意识对此毫不在意，它在意的是，他们带给你的相似的感觉。

强迫性重复的核心——童年受虐经历

本节内容和练习要强调的是，童年受虐经历可能是你当前问题的核心所在。虽然你们中的一些人可能很难接受这个事实，但请尽量以开放的心态考虑这种可能性。

问卷：童年史

1. 在你小时候，你的母亲是否对你很疏远或很冷漠？
2. 在你还是个婴儿的时候，你的母亲是否因某种原因（疾病、缺席）无法照顾你？
3. 在你小时候，你是否曾被收养、被送去寄养家庭，或者被送到家以外的其他地方生活？
4. 你小时候是否有父母去世？
5. 你的父母是否在你小时候或青少年时期离婚或分居？
6. 你是否觉得自己小时候难以获得与大人肢体上的亲昵？
7. 你是否觉得作为一个孩子，你的情感需求（比如被倾听、被鼓励、被表扬）没有得到满足？
8. 你的父母是否忽视了对你的照看，长时间把你独自一人留在家里或车里？
9. 你的父母是否忙得没时间管你？忙得没有时间教给你做人的道理，没有时间询问你的作业，也没有时间和你谈心？

10. 你的父母中的一方或双方是否饮酒过量或酗酒，或者他们中的一方或双方是否使用毒品？

11. 你的父母中的一方或双方是否极度严苛或专横？

12. 你是否发现很难让父母中的一方或双方满意，或者你是否感觉无论你做什么，你的父母都不会认可你？

13. 你的父母中的一方或双方是否对你占有欲极强，不希望你有自己的朋友或者外出活动？

14. 你的父母是否把你当作倾诉对象，向你寻求情感上的抚慰？

15. 你的父母是否曾经对你进行过身体上的虐待？

16. 你的父母或其他权威人物是否曾经对你进行过性虐待？

17. 你的父母是否对你有过情感乱伦的行为？比如用带有性意味的眼光看你，问你不恰当的与性有关的问题，在你面前半裸或赤裸走动，或期待你代替他们缺席的伴侣满足他们的情感需求？

18. 你的兄弟姐妹是否曾经对你有过情感乱伦行为或对你进行过性虐待？

19. 你是否曾经离家出走过？

20. 你是否曾经对父母或兄弟姐妹非常愤怒，以至于恨不得杀了对方？

21. 你的父母（或其他养育者）是否曾用以下方式对你进行过身体上的虐待：把你打得瘀青、出血、倒在地上，把你摔到墙上，或者试图掐死你？

22. 你的父母或养育者是否曾使用工具来伤害你（如腰带、棍子、刀、香烟或其他燃烧的物品）？

如果你对 1-5 题回答了"是"，那么说明你小时候经历过**抛弃**。

物理意义上的遗弃和情感上的抛弃，几乎毫无例外，是导致一个人实施或忍受虐待的先决条件。童年时被抛弃的经历会带来深深的不安全感和恐惧，导致个体在关系中容易感到不安、嫉妒，且有很强的占有欲。

如果你对 6-9 题回答了"是"，那么说明你小时候经历过**忽视**。一个在生理或情感需求上遭到忽视的孩子，长大以后要么会觉得自己的需求无足轻重，要么究其一生要求别人满足自己，满足那些被父母忽视了的需求。

如果你对 10-14 题回答了"是"，那么说明你小时候遭受过**情感虐待**。如果你对第 10 题回答了"是"，那么说明你的父母很可能因为酗酒或物质成瘾而无法照顾你，或者他们的酗酒或成瘾问题在家里造成了混乱。如果你对第 11、12 题回答了"是"，那么说明你曾被父母中的一方或双方过度苛责、支配和控制。如果你对第 13 题回答了"是"，那么说明父母中的一方或双方对你有过分的占有欲，而这也是情感虐待的一种形式。如果你对第 14 题回答了"是"，那么说明你的父母中有一方把你当作是自己的父母或伴侣，而不是自己的孩子。

如果你对 15-18 题回答了"是"，那么说明除了情感虐待以外，你还遭受了身体虐待或性虐待，或者遭受了情感乱伦。

如果你对 19-22 题回答了"是"，那么说明你遭受了身体虐待，并且你的家庭很可能存在严重的情感、身体或性虐待。

练习：你的童年受虐经历

- 试着列出你的父母（或其他重要养育者）是如何以消极的态度或方式对待你的。
- 写下你认为这对你的亲密关系造成了怎样的影响。

虐待型的养育风格

即使阅读了一些关于情感虐待的描述，并且完成了前面的问卷和练习，你可能仍然不确定自己小时候到底是否遭受了情感虐待。以下对虐待型养育风格的描述，可能会帮助你对此形成更清楚的认识。

抛弃/拒绝型父母

这是对儿童伤害最大的一种情感虐待。父母可能会在物理意义上抛弃孩子（把孩子单独留在家，让孩子好几个小时都在车里等着；看完电影忘记去接孩子；或者，由于离婚分居而很少再见孩子），也可能会在情感上抛弃孩子（在情感上对孩子漠不关心；不给孩子必要的关注、关爱和鼓励）。

父母的这种忽视和不关心往往伤害极大，因为孩子很可能会觉得这是自己的错，或者觉得自己根本就不值得被爱。那些用酒精、毒品、睡眠、电视或书籍来逃避现实的父母，同样抛弃了他们的孩子，因为他们在情感上是缺席的。

占有型父母

占有型父母想要支配、控制并在情感上占有他们的孩子。占有型母亲往往从孩子一出生就开始表现出强烈的占有欲，她会紧紧地抱着孩子，几乎让孩子感到窒息，过度地保护孩子，常常不允许别人抱孩子或照顾孩子。当孩子到了想要开始探索世界、与母亲分离的年龄时，占有型母亲会感受到威胁。无论是因为害怕孩子受伤，还是为了满足自己的情感需求，她都会阻碍孩子天然的探索欲。这样的行为可能会贯穿孩子的整个童年，父母会嫉妒任何可能把孩子从他们身边抢走的事物和人。她可能会一直对孩子的每一个玩伴挑三拣四，以此来阻止孩子交朋友。即使孩子逐渐长大、日益成熟，她对孩子的控制也不会有任何放松，反而可能会变得更加严格，坚持要随时知道孩子的行踪，并强制执行严格的宵禁。

当孩子开始对恋爱产生兴趣时，占有型父母，特别是占有型父亲，可能会感觉特别受威胁，他可能会禁止孩子恋爱，或者让孩子觉得没有人配得上她，或没有人会喜欢她。一些父亲在女儿进入青春期时会经历一段特别困难的时期，因为他们可能会对女儿产生性方面的感觉，这让他们无比困惑而不知所措。如果一个父亲无法处理好自己对女儿的乱伦情绪，那么他有可能会异常坚决地禁止她谈恋爱，不允许她穿任何哪怕只是有一点暴露的衣服。

一些父母的占有欲是因为想要保护孩子免受伤害。例如，童年时遭受过性虐待的母亲可能会过度保护她的女儿；而那些曾经犯过法或让女孩意外怀孕过的父亲，则可能会过度限制儿子的自由。那些性生活混乱或曾经把女性视为性工具的父亲，可能会假设每一个和女儿约会的男孩都和他们自己一样。

有些父母不希望他们的孩子长大，因为他们希望孩子能够在自己身边满足自己的需求。通常，这些父母在成长过程中被照顾的需求没有得到满足，所以他们现在可能会期待孩子像父母一样照顾自己。还有一些父母可能因为丧偶或离婚，或者因为伴侣没有满足他们的需求，所以会过于依恋自己的孩子。如果父母对待孩子的方式就像密友，这可能是情感乱伦的一种表现。

专横/控制型父母

这类父母试图支配和控制他们的孩子，对孩子生活的方方面面指手画脚，包括他们该怎么说话、怎么做事、穿什么衣服以及和谁交往。他们经常打着"教育"或"纠正"孩子的旗号，但其实他们真正想要的是完全控制孩子。尽管他们可能会告诉自己和孩子，自己这么做都是为了孩子好，但这些父母往往只有通过控制他人，才能感受到自己的力量和重要性。他们自己往往也是被控制欲过强的父母抚养长大的，他们的所作所为常常是在发泄自己无法对父母表达的愤怒。

还有一些父母控制孩子可能更多是因为恐惧而非愤怒。一些父母担心，如果允许孩子有更多的自由，孩子就会受到伤害。他们相信，只要把孩子牢牢地护在身边，就可以保护孩子远离危险。遗憾的是，他们没有意识到，这样做剥夺了孩子通过自己做决定和犯错误来学习的机会。过度恐惧的父母可能会剥夺孩子天然的好奇心和对世界的探索欲，让孩子失去自主性。

有些控制欲过强的父母还非常独裁。他们坚信孩子应该永远服从父母，应该遵守特定的行为守则，并且孩子无论如何都不能质疑父母的权威。当孩子违反规则或者不听话时，这类父母往往相信他们有权随意惩罚孩子，包括使用严厉的体罚。

控制欲过强的父母往往不仅控制孩子，还会试图控制伴侣。他们行事十分死板，有时甚至很残酷，要求家里的每个人都对他们俯首帖耳、言听计从。在家庭成员胆敢质疑他们的权威或独立行动时，这类人往往会爆发并实施暴力。

苛责型父母

过度苛责的父母几乎在孩子做的每一件事中都能挑出错处——孩子说话的方式、外表、与他人社交的方式、学业、选择的朋友。即使是芝麻大小的错误，他们也会立刻就指出来。他们的孩子永远都不够有礼貌、不够体贴、不够聪明、不够有魅力，无法令他们满意。他们对孩子投注了过多的负面关注，时刻保持着高度警惕且挑剔的目光，觉得孩子随时都会犯错。他们不会关注孩子做对的事情或取得的成就，而总是立即指出孩子做错了什么或还有什么没做。

这种类型的父母可能对自己所有的孩子都过度苛责，也可能会格外针对某一个孩子。这种情况可能是因为这个孩子让父母想起了自己、自己的配偶，或者曾经虐待过自己的父母。在某些情况下，如果父母厌女，即对女性抱有仇恨、不尊重和不信任的态度，那么父母可能会只苛责女儿。

对孩子来说，苛责的话语和挨打一样痛苦且有害。它们是言语上的掌掴。苛责的话语往往伴随着威胁、辱骂和吼叫。这样的言语虐待伤害性尤其大。辱骂的话语会在孩子的脑海中一遍又一遍地回响，直到他真的相信自己确实很愚蠢、自私、懒惰或者丑陋，并认为这些标签定义了自己的全部。

不断受到父母的苛责还会让孩子感受到一种威胁，那就是他们可能会失去父母的爱。而由于孩子是完全依赖于父母的，所以父母的过度苛责也会不断给孩子的安全感造成威胁，并对孩子的自我意识发展产生巨大影响。这种持续不断的批评对孩子的情感伤害之大，可能需要用一生的时间去治愈。

父母的极端苛责可能会严重损害孩子的自尊心，摧毁孩子的自信，尤其如果孩子身边没有任何其他人为他提供鼓励、帮他建立自信的话。

父母对孩子过于苛责，会导致孩子也变得对自己极度苛责，对别人对自己的看法过于敏感，对别人建设性的意见也极度敏感，并且也会苛责别人。成年后，她可能会选择一个苛责自己的伴侣，并且把他说的每句话都放在心上，就像过去面对父母时那样。或者，她也可能会变得对批评过于敏感，听不进去任何人的建议和反馈。她可能会选择一个愿意让她占据主导地位的伴侣，并会在关系中不断地对伴侣进行无情的批评。

未完成事件的力量

无论我们多么努力，似乎都无法逃脱父母对我们的影响。例如，有些时候，我们会有意识地寻找与父母完全相反的伴侣。但从某种角度来讲，这只能证明父母对我们的影响之大。原因如下：你之所以会被你的伴侣吸引，可能是因为你渴望得到自己小时候没有得到的东西，从而也更容易受到蒙蔽。如果你是女性，你可能会因为父亲在你小时候从未陪伴在你的身边，而选择了一个看起来非常关心你、保护你、帮助你、支持你的伴侣。不幸的是，你最初以为的保护，可能其实是操控；你原以为的关心和引导，可能其实是控制和占有欲；而那些在你与家人或朋友发生冲突时所表现出的支持，可能实际上只是离间你和亲近的人的一种策略，以达成对你的独占。虽然你没有选择一个像你父亲那样行踪不定的伴侣，但你最终选择的对象和父亲可以说是半斤八两。而让你走到这一步的，正是你与父亲之间的未完成事件。

如果你是异性恋男性或同性恋女性，而你的母亲十分冷漠无情，那么你可能会被疏离、冷淡的女性所吸引，因为她们对你来说是一种挑战。如果你能让这样的女人对你热情起来，甚至能让她爱上你，那你就成功了。但不幸的是，你的成功总是短暂的。你可以让这样的女人与你结婚或成为你的伴侣，但你无法改变她的本性。这意味着，和她在一起的每一天，你都被迫揭开过去被拒绝和抛弃的旧伤。随着你的旧伤不断被揭开，你也会变得越来越愤怒，直到你已经无法再分辨旧伤和新伤，无法再区分开当初虐待你的人和现在虐待你的人。

那些变得具有施虐倾向的人，他们之所以被自己的伴侣吸引，可能也是出于类似的渴望，一种对于纠正或改写过去的渴望。如果你的父亲对你的母亲进行了身体和情感上的虐待，那么你可能会很担心她，很想保护她。你深深地爱着母亲，希望能把她从困境中解救出来。当你长大成人后，你会发现你仍然对女人充满了保护欲，并总是被那些"落难的女人"——那些似乎总是陷于困境而需要被拯救的女人——所吸引。你可能最终娶了这样一个女人，但是后来你发现自己开始鄙视她的软弱，鄙视她总是成为那个受害的人。你意识到她太软弱了，永远都无法离开你，所以你觉得自己可以为所欲为——包括对她不好，辱骂她，当着她的面盯着其他女人看。她越是容忍你的为所欲为，你就越不尊重她，直到你最终开始对她进行言语和情感上的虐待。

你的原始施虐者

你的原始施虐者是对你的关系模式产生最深远的影响的一个人或一些人。虽然在童年或青少年时期，你可能遭受过来自不同人的情感、身体或性虐待，但在你心中，可能有一个或两个施虐者格外突出。原始施虐者并不一定是第一个虐待或忽视你的人，而是第一个因其虐待或忽视给你造成重大且持久伤害的人。你的原始施虐者很可能是你父母中的一方或双方，因为父母对我们生活的影响比任何人都深远，但你的原始施虐者也可能是其他重要养育者或你的兄弟姐妹。

练习：找到你的原始施虐者

以下练习将帮助你发现你的原始施虐者是谁。

1. 在一张纸上，在纸面的中心画一条竖线。选择一个童年时虐待过你的人，在纸的一边列出这个人的积极特征，另一边列出消极特征。

2. 如果你曾被不止一个人虐待过，请在不同的纸上对每个人分别进行相同的步骤。

3. 再用一张纸，列出你当前伴侣的积极和消极特征。

4. 将你童年施虐者的特征清单与你当前伴侣的特征清单进行比较。你是否注意到任何相似之处？如果有，请圈出它们。

5. 现在，看看有没有哪个童年施虐者与你当前伴侣有很多相同的特征？如果有，那么这个人很可能就是你的原始施虐者。

另一种模式：受害者还是施虐者

为什么有些小时候遭受过虐待的人长大后成了施虐者，而另一些人则成了虐待的受害者？在本章前面我曾写道，没有人会选择成为情感虐待的施虐者或受害者。我的意思是，没有人会有意识地选择这些角色。但如果你在充满虐待的家庭或环境中长大，那么你确实会从这两个角色中选择一个，只不过是在无意识的层面上。

在充满虐待的家庭中长大，这教会了你世界上只有两种人——受害者和施虐者。举个例子，假设你的父亲对你的母亲进行情感和身体上的虐待。由于你的主要榜样——你的母亲和父亲，只向你展示了两种选择，长大后你很可能会选择那个在你看来相对不那么令人反感的角色。你可能会想："我永远也不要像我母亲那样成为受害者（或像我父亲那样成为施虐者）。在这两个选择中，我宁愿成为施虐者（或受害者）而不是受害者（或施虐者）。"大多数情况下，这个决定可能是无意识的。

你是如何决定要选择哪个角色的呢？如果你的父亲虐待你

的母亲，而你强烈认同父亲，就像大多数男孩和一部分女孩做出的选择一样，那么你就可能选择施虐者的角色。你很可能倾向于接受父亲的思维方式和行为方式，并把虐待的责任归咎于母亲。你可能会想："如果她闭上嘴，不去激怒他，他就不会打她。"

如果你强烈认同你的母亲，就像大多数女孩和一些男孩做出的选择一样，那么你就可能选择受害者的角色。你可能会想："我永远都不想变得像我父亲那样。他是个怪物。"你可能会变得非常担心自己会像父亲那样因为内心的愤怒而失控。这可能阻碍你维护自己或与他人抗争，而使得你很容易成为受害者。

如果你的父亲多年来一直在虐待你的母亲，你看到母亲尽管痛苦却无法离开他，那么你可能会认定逃离施虐者是没有希望的。如果你是女性，你甚至可能会相信女性注定会成为受害者。

另一方面，目睹母亲长期忍受父亲的虐待而不肯离开，你可能会失去对母亲的尊重。你可能开始相信母亲很软弱，甚至认为她某种程度上"享受"受害者的角色。如果你是女性，这可能会使你下定决心，永远都不要像母亲那样成为受害者。如果你是男性，这可能会让你觉得避免成为受害者唯一的方法就是成为施虐者。

愤怒的内化与外化——男性与女性的模式

对于童年遭受虐待和忽视的经历，男性和女性的反应往往很不相同，这部分是由于社会文化的影响，部分是由于生理上的不同。相比女性，男性被更多地允许感受和表达愤怒，女性则被更多地允许哭泣，而男性哭泣则被视为软弱。这使得女性更倾向于抑制或压抑愤怒，而男性则更倾向于抑制或压抑恐惧和悲伤。男性倾向于用行动外显地表达愤怒，而女性则会内化愤怒，变得自我贬低甚至自我毁灭。

如果一个男人受到了身体或情感上的伤害，那么他可能会在语言或身体上反击那个伤害自己的人。"你伤害了我，所以我要伤害你。"然而，当一个女人受到伤害时，情况可能就没有这么简单了。很多女性在经历了性别的社会文化适应后，已经放弃了直接报复的自然本能。（一些研究者认为，女性的生理结构也使得女性避免愤怒，并寻求和平的解决方案。）

此外，如果一名男性所处的环境出现了问题，他会倾向于先从自身之外寻找问题的原因。根据研究，这种倾向一部分源于男性采取行动（而非自省）的生理倾向，另一部分则与某种男性自尊有关，这种自尊使得男性倾向于怪罪他人，而不是为自己的所作所为承担责任。

相反，如果一个女性所处的环境中发生了问题，她会倾向于从自身寻找问题的原因。大多数女性更倾向于将问题归咎于自己，而不是归咎于他人。

这就是为什么男性更容易成为施虐者，而女性更容易成为虐待的受害者的原因。女性在与伴侣发生冲突时更倾向于质疑和责怪自己，所以她更有可能在争论中让步，也更容易对自己在冲突中所扮演的角色感到困惑。再加上女性通常对维持和平有较大的需求，使得她们容易在关系中妥协和牺牲，即便是在不该妥协的时候。

因为女性倾向于将愤怒转向自己，并且将关系中的问题归咎到自己身上，所以她们容易变得抑郁和低自尊。这种情绪反过来又让她们变得更加依赖他人，更难冒着被拒绝或抛弃的风险维护自己，或坚持自己的意愿、观点或需求。

男性则常常会筑起一道漠不关心的壁垒，以此来保护自己不受伤害。这种表面上的独立往往会加剧女性对于被拒绝的恐惧，使得女性想要主动靠近，寻求安慰与和解。为了得到伴侣的接纳和爱，屈服、承担过错、在关系中进一步失去自我，似乎都只是微不足道的代价。

正如你所看到的，内化愤怒和外化愤怒这两种极端方式都可能会造成问题。虽然两性在处理愤怒的方式上都没有错，但他们可以通过观察对方如何处理愤怒来互相学习。大多数男性，特别是施虐的男性，如果能学会更多地控制自己的愤怒，减少下意识的反击，并能使用相对女性化的能力去共情他人，通过沟通解决问题，这会对他们大有裨益。另一方面，许多女性如果能承认自己的愤怒，并允许自己以建设性的方式表达愤怒，而不是下意识地压抑、自责或接受指责，这也会对她们大有裨益。比起为了保持和睦而不断忍让，对大多数女性来说，站出来维护自己的需求、观点和信念才是更健康的做法。

羞耻感对虐待受害者的影响

很多人都认为愤怒是导致虐待行为的主要原因。但实际上，在塑造施虐者和受害者的行为模式方面，羞耻感发挥着更为强大的作用。羞耻感是残忍、暴力和破坏性关系的根源，并且也可能是许多成瘾问题的核心。它会比其他任何情感都更严重地损害一个人的自我认知，使人深深地感到自己有缺陷、低人一等、毫无价值、不值得被爱。如果一个人经历了太多的羞耻，他可能会自我厌恶到自我毁灭甚至自杀的地步。

羞耻感是我们内心深处的一种被暴露和不配得的感觉。当我们感到羞耻时，我们会想要藏起来。我们低头、耸肩、弯腰，试图让自己隐形。

羞耻的内心感受，是感到被别人看见了自己最不光彩的一面，自我被一览无余。而正是这种突如其来、出乎意料的被暴露的感觉，以及随之而来的局促不安，构成了羞耻的本质特征。在这种羞耻的感受中，包含着一种尖锐而难以承受的觉知，那就是觉知到自己作为一个人在某些重要方面存在着根本性的缺陷。

我们每个人都经受过羞耻的痛苦，只是程度有所不同。有些人感受了极其严重的羞耻感，导致他们不断地自我批评、自我责怪，出现成瘾问题（酗酒、吸毒、性与"爱情"成瘾、强迫性进食、赌博等），自我毁灭，并一直停留在虐待关系中——无论是作为受害者还是作为施虐者。

有时，如果一个孩子受到了太过严重的羞辱，或者经历了太多引发羞耻感的事情，他可能会变成一个"被羞耻束缚"或"活在羞耻中"的人，而这意味着羞耻感已经成了塑造其人格的主导因素。活在羞耻中的人往往自尊心极低，感到自己毫无价值，并且自我憎恨。他们感到自己是低人一等的、不好的、不被接受且格格不入的。他们常常被灌输相信自己是没有价值的、糟糕的，因为大人会对他们说"都是你拖了我的后腿""我希望你从未出生"或者"你永远都不会有出息"。

活在羞耻中的人通常都遭受过严重的体罚、情感虐待、忽视和抛弃——所有这些行为都在告诉孩子他是没有价值的、不被接受的、糟糕的。这些行为还传达了一个信息：大人可以随心所欲地对待你，因为你只不过是一个毫无价值的物品。许多孩子还会因为他们的行为而受到羞辱（例如，在他人面前被斥责或殴打，被大人说"你有什么毛病"或者"如果你最喜欢的老师知道你的'真实面目'，她会怎么看你"）。最后，活在羞耻中的人很可能经受过令人感到羞耻的创伤，比如儿童性虐待。

如果你曾遭受过童年虐待或忽视，那么羞耻感可能对你生活的方方面面都造成影响：你的自信和自尊；你的身体意象；你理解他人的能力；你的亲密关系；你为人父母的能力；你的工作表现以及你取得成功的能力。羞耻感是无数问题的根源，包括但不限于：

- 自我批评和自我责怪；
- 自我忽视；
- 自残行为（通过食物、酒精、毒品、香烟、自伤、意外等方式伤害自己的身体）；
- 自我破坏性的行为（如挑起与所爱之人的冲突，搞砸工作）；
- 完美主义；
- 认为自己不配得到美好事物的信念；
- "讨好他人"的行为；
- 强烈的愤怒（频繁的肢体冲突，路怒）；
- 违反社会常规的不当行为（违反规则，违反法律）；
- 以及最重要的是，重复虐待的循环，无论是通过施虐还是受虐的行为。

通常，遭受过童年虐待的人会被这一经历所改变，不仅是因为他们受到了心理创伤，还因为从受到虐待的那天起，他们就感觉自己失去了童真，并且从此开始背负起沉重的羞耻感。童年时期的情感、身体和性虐待，可能会导致受害者被羞耻感所压垮，以至于羞耻几乎定义了这个人的全部，使得她无法实现自己全部的潜力。这可能会让一个人的心理一直停留在受伤害时的年纪，并驱使她在一生中一遍又一遍地重演这种虐待。

羞耻感如何助长虐待的循环

羞耻感是每种虐待的核心，也是施虐者和受害者行为中的关键因素。

对于受害者：
- 羞耻感往往会导致受害者不相信自己值得被爱、被善待、被尊重，并因此总是留在虐待关系中太久。
- 羞耻感会让一个成年人相信自己活该受到轻蔑和鄙视。

对于施虐者：
- 羞耻感会导致一个人羞辱并贬低自己的伴侣或孩子。
- 虐待他人的人，通常其实是在试图摆脱他们自己的羞耻感。
- 羞耻感可能会导致情绪爆发。往往正是羞耻感触发了导致虐待的暴怒。

令人难过的是，童年虐待所导致的羞耻感，往往表现为以下三种形式：
- 它会使人以各种方式虐待自己，例如：严苛的自我对话、酗酒或吸毒、破坏性的饮食习惯，以及自残。（在接受物质滥用治疗的人中，有三分之二报告自己在小时候遭受过虐待或忽视。）
- 它会使人形成"受害者式"的行为，忍受来自他人的不合理对待。（家暴妇女庇护所中的女性，有多达 90% 的人报告自己在小时候遭受过虐待或忽视。）
- 它会使人变成施虐者。（大约 30% 遭受过虐待和忽视的儿童，成年后会对自己的孩子实施虐待。）

我们会在第 6 章"用自我关怀治愈羞耻感"中继续讨论羞耻感。

推荐电影

《男孩的生活》*(This Boy's Life*，1993)，讲述一个年轻男孩战胜自己受虐待的童年的故事。

《海阔天空》(*Radio Flyer*，1992)，讲述一个受到父亲身体和情感虐待的年轻男孩的感人故事。

《安琪拉的灰烬》(*Angela's Ashes*，1999)，展示了虐待行为是如何代代相传的。

《扬帆》(*Now，Voyager*，1942)，展示了一位女性如何克服她专横且控制欲强的母亲的影响。

第5章

完成未完成事件
（受害者和施虐者均适用）

"你知道的，没有人喜欢糟糕的回忆……但也许记住那些糟糕的事情，并从中学习，比疯狂地否认和试图忘记要好。"

——梅布尔·派恩斯（Mabel Pines）

在阅读完第 4 章之后，希望你已经将自己小时候被忽视、抛弃或虐待的经历，与你在当前关系中的行为模式联系起来了。换言之，你应该理解了为什么自己会处在一段情感虐待的关系中。

然而，理解是一回事，真正改变自己的信念和行为是另一回事。为此，你必须回溯你的童年，并完成你的未完成事件。这一过程包括以下几个步骤：

1. 正视和承认自己是虐待或忽视的受害者。
2. 向自己承认，由于童年时被忽视、抛弃或虐待的经历，你的内心积压着未表达的愤怒、痛苦、恐惧和羞耻感。
3. 允许自己去感受和表达那些因为经历了忽视或虐待而产生的情绪。
4. 寻找安全且具有建设性的方式，来释放或表达这些感受。
5. 与施虐者对质（最好采取间接的方式）。
6. 解决你与原始施虐者的关系问题（通过设定边界、暂时或永久分离、原谅等方式）。

让我们来依次讨论每一个步骤，以便你更好地理解这些步骤并应用于自己的生活中。

1. 正视和承认自己是情感虐待或忽视的受害者

　　为了完成你的未完成事件，并开始治愈你的受害或施虐的行为和心理，你必须勇敢地面对自己童年遭遇的真相。正如我之前所说，尽管存在少数特例，即某些虐待的受害者可能并没有经历童年时期的忽视或虐待，但这种情况非常罕见。而那些最终成为施虐者的人，他们无一例外地拥有这样的童年背景。不幸的是，许多有这类经历的个体会否认这些经历、责怪自己，或者为父母（或其他重要养育者）的行为辩解或开脱。

　　童年虐待的受害者，为了自我保护，避免直面痛苦的记忆和真相，会不自觉地使用多种心理防御机制：**否认、压抑、抑制、最小化、合理化和投射**。在大多数情况下，这些心理反应是在一个人的意识觉察与控制之外运作的。

　　否认，作为一种强大的**无意识**防御机制，目的是保护我们避免直面强烈的痛苦和创伤。它甚至可以让我们屏蔽或"忘记"由诸如童年虐待的情感或身体创伤所造成的巨大痛苦。否认机制是为了保护我们免于面对那些当时无法承受的痛苦。然而，否认也会将我们与真相隔绝，并会长久地持续下去，哪怕它已经失去了原有的积极作用。

　　遭遇童年忽视或虐待的受害者往往否认这些经历的存在。原因在于，儿童往往不愿意看到父母或养育者消极的一面，以保护自己对他们的情感。

　　即使你能够承认自己曾经受到了虐待或忽视，你也可能仍然会对虐待的一些方面加以否认。比如，你可能承认自己遭受过身体上的虐待，但同时，你也说服自己虐待的程度"没那么严重"（**最**

小化），或者相信父母或养育者并不是故意伤害你的（**合理化**），或者，你甚至可能说服自己是自己活该（**否认**）。

童年虐待受害者之所以往往会否认或淡化自己所遭受的伤害，常见原因如下：

- 承认虐待会导致他们感到羞耻、痛苦、恐惧和背叛，而这些情绪是他们极力避免的。因此，虐待的经历要么被隔绝在意识层面的觉知和记忆之外，仿佛它从未发生过；要么被最小化、被合理化、得到辩解，以至于发生了的一切仿佛并不构成真正的虐待。
- 他们不想承认自己曾是无助的受害者。正如前文所述，承认另一个人拥有压倒自己的力量，会给人带来一种深刻的耻辱和挫败感。特别是在性虐待的情境下，承认有人能够操纵你去做你不想做的事情尤其令人感到羞辱。因此，受害者往往难以承认这些事实，而宁可选择自己为虐待承担责任。
- 他们不想承认这个残酷的事实：那些自己曾经关心并尊重的人，竟然会忽视、抛弃甚至虐待自己。
- 他们通过虐待其他孩子，重复了虐待的循环。例如，那些施虐认同者，可能会错误地认为儿童在与成年人或年龄较大的儿童发生性关系时并非真正被"强迫或操纵"，而是自愿这样做的，甚至从中得到了某种快感。这种想法不仅反映了他们对自身经历的否认，也可能是为了减轻内心的痛苦和负罪感。这种否认常常使得曾经的受害者无法承认自己受到了虐待。

压抑（无意识地屏蔽创伤事件）和**抑制**（有意识地选择遗忘创伤事件），是一种帮助受害者继续生活的生存手段，保护他们不被恐惧、羞耻或内疚压垮而彻底崩溃，但不幸的是，这些防御机制会让人很难面对自己曾被忽视或虐待的真相。

痛苦的感觉和记忆可能会令人非常不安。我们通常难以直面它们，而是会无意识地把它们隐藏起来（压抑），希望能彻底忘记它们。但这并不意味着记忆会完全消失。它们可能会在不知不觉间影响我们的行为和关系。

困惑。很多人都对自己是否真的受到了忽视或虐待而感到困惑。因此，我会详细描述各类儿童虐待和忽视。

哪些行为会构成儿童虐待？

很多读者清晰地记得自己小时候受到过虐待或忽视。但有些人的记忆并不那么清晰，也有些人会质疑自己拥有的记忆。还有更多人仍未将自己的经历定性为虐待或忽视，即使他们的经历很明显就是虐待或忽视。因此，我简要地概述了究竟哪些行为会构成儿童虐待和忽视。这些虐待的形式可能单独存在，但更多时候，它们会交织在一起，共同发生。（例如，身体虐待往往伴随着情感上的虐待。）

警告：以下关于各类虐待的概述内容，可能会触发一些人的心理创伤。如果此刻你感到自己尚未做好准备面对这些描述，请允许自己暂时跳过。未来在你觉得合适的时候，可以随时再回来查看。

忽视。对儿童的"生理忽视"，是指养育者未能满足儿童的基本生理需求（食物、水、住所、个人卫生护理），以及忽视了儿童在情感、社会、教育和医疗方面的需求。此外，未能对儿童进行充分的监护和照顾，也被视为生理忽视的一种表现。"情感忽视"是指养育者未能投入足够的时间和精力去关注孩子的情感需求，比如给予鼓励和表扬，在孩子受伤或害怕的时候安慰孩子，或者对孩子的感受表达肯定和理解。那些忽视孩子的父母，往往因自身种种事务而分心，或忙于生计（无论是经济方面的谋生还是情感方面的挣扎），或忙于追求个人成就，或沉浸于兴趣爱好和社交活动，或深陷在酗酒或药物滥用之中，而对孩子的情感需求视而不见。

情感虐待。情感虐待是指任何核心目的在于控制、恐吓、征服、贬低、惩罚或孤立他人的非身体接触的行为或态度。在儿童身上，情感虐待包括源自父母或养育者的不当行为或疏忽，它们可能导致儿童出现严重的行为、认知、情感或心理障碍。这类虐待包括：言语虐待（比如持续不断的批评、贬低、侮辱、拒绝和嘲笑）；对孩子提出过分、咄咄逼人或不合理的要求，这些要求超出孩子的能力范围；未能提供孩子情感和心理成长发展所必需的情感和心理上的关爱和积极支持；以及未能或极少给予孩子爱、支持和指导。

心理虐待。虽然心理虐待有时被归类为情感虐待，但专业人士通常用这个词来特指成年人对儿童自我发展和社会能力发展的蓄意妨害，这是一种极具精神破坏力的行为模式。换言之，与一般的情感虐待相比，做出这种行为的**父母或其他养育者通常是更有预谋、更有意识的**。根据这个定义，心理虐待包括：

1. 拒绝——表现出意图或实际上的抛弃行为，例如拒绝给予孩子应有的关爱与关注。
2. 孤立——阻碍孩子参与正常的社会交往。
3. 恐吓——威胁要对孩子进行严厉或险恶的惩罚，或者故意制造一种充满恐惧或威胁的氛围。
4. 忽视——养育者对孩子的心理需求不闻不问，对孩子的行为缺乏回应。

5. 腐蚀——养育者鼓励孩子发展错误的社会价值观，而这种错误的价值观往往会促使孩子形成反社会的或异常的行为模式，比如攻击他人、违法犯罪或物质滥用。此外，腐蚀还体现在迫使孩子置身于充满危险与不稳定的环境之中（例如家庭暴力频发的环境）。

身体虐待。对孩子（18 岁以下）所实施的一切非意外性质的身体伤害行为，或持续性的伤害行为。这些行为可能包括但不限于：

- 用力击打孩子（如掌掴、拳击），导致皮肤留下痕迹或产生瘀伤；
- 使用工具（如皮带、棍子、树枝、绳子、电线等）对孩子进行体罚；
- 利用香烟烫伤孩子，或用火直接灼烧孩子的手部等行为；
- 咬伤孩子；
- 用力扭伤孩子的手臂，造成瘀伤或骨折等后果；
- 剧烈摇晃孩子，导致孩子出现眩晕、头痛，或是颈部、肩膀或手臂等部位的疼痛；
- 将孩子的头部强行按入水里；
- 把孩子推向墙壁、穿过房间或撞向家具；
- 将孩子压制在地上，阻止孩子起身；
- 用力掐捏孩子，造成严重的疼痛甚至瘀伤。

儿童性虐待。儿童性虐待可能发生在成人与儿童之间，或年龄较大的儿童与年龄较小的儿童之间。这种虐待包括任何**以性刺激为目的，并导致年长一方获得性满足**的接触行为。值得注意的是，这些行为并不仅限于直接的身体接触，还包括非接触式的性犯罪，比如露阴行为，拍摄儿童色情制品，以及抚摸、插入、乱伦和强迫儿童从事卖淫活动等。我们必须认识到，对儿童构成威胁和伤害的，并不仅限于直接的触摸行为。

　　"年龄较大的儿童"通常指的是那些与年龄较小的儿童相差至少两岁的儿童。但即使只是一岁之差也可能在权力上有巨大影响。例如，哥哥在家庭中往往被视为权威人物，尤其如果父母出门时让哥哥"负责"看家。妹妹则可能因恐惧或出于讨好心理而倾向于顺从哥哥。尽管较为罕见，但姐姐成为侵犯者的情况也偶有发生。在兄弟姐妹间的乱伦案例中，年龄差距越大，对信任的背叛越严重，乱伦行为也往往更为暴力。

关于儿童性虐待的困惑

　　儿童性虐待这个概念可能尤其令人困惑。其中原因众多：很多人将儿童性虐待狭义地理解为成人与儿童之间的性交行为。但儿童性虐待的范畴远不止于此。实际上，大多数儿童性虐待案例并不涉及性交。值得注意的是，那些遭受女性虐待的受害者，往往并不将此类行为视为性虐待。此外，还有很多人错误地认为，只要他们在过程中体验到了任何的快感，就意味着他们是自愿的。更有甚者，一些受害者因为侵犯者声称自己是在"传授"性知识而信以为真。

　　对于青少年而言，如果你在事发时已年满 13 岁，可能会倾向于不将自己视为性虐待的受害者。但重要的是要认识到，性虐待既包括成人与青少年之间的性接触，也包括年长的青少年与年幼的儿童或青少年之间的性接触。

　　实际上，当前研究表明，青少年的大脑一直到 20 岁之前都未发育成熟，不足以做出真正的知情同意。因此，成年人和 16 岁以下的儿童之间，除了存在生理和心理上的差异外，还存在权力和资源的明显差异，这种关系存在显而易见的不平等。

儿童性虐待包括什么？

下面详细地列出了各种形式的儿童性虐待，包括一些非常隐蔽的虐待形式：

- 生殖器暴露：成年人或年龄较大的孩子直接向儿童暴露自己的生殖器。
- 亲吻：成年人或年龄较大的孩子以缠绵或亲密的方式亲吻儿童。
- 抚摸：成年人或年龄较大的孩子对儿童的敏感区域，如乳房、腹部、生殖器区域、大腿内侧或臀部进行触摸或抚摸，甚至可能要求儿童主动触摸他们的敏感区域。
- 手淫：成年人或年龄较大的孩子让儿童观察自己自慰；成年人观察儿童自慰；成年人和儿童为对方手淫（相互手淫）。
- 性交、口交（包括为儿童口交）、肛交。
- 肛门或直肠口的指入。施虐者也可能插入蜡笔或铅笔等无生命物体。
- 阴道的指入，或其他无生命物体的插入。
- "干性交"：这个俚语指的是成年人用阴茎对儿童的生殖器、肛门区域、内侧大腿或臀部进行摩擦的行为。
- 色情制品：向儿童或青少年展示色情内容，通常是为了引导儿童进行性接触或对儿童进行性刺激。
- 以性唤起或出售为目的，拍摄儿童或青少年裸体或穿着制服的样子。

更隐蔽的儿童性虐待形式

以下列举的是一些较为微妙、不易被察觉的性虐待形式。这些形式的虐待，其危害性丝毫不亚于那些更显而易见的虐待行为。请记住，判断某一行为是否构成性虐待，关键取决于成年人或年龄较大的孩子在进行这些活动时所持有的意图。

- 裸露：成年人或年龄较大的孩子在儿童面前裸露着身体走来走去。
- 脱衣：成年人或年龄较大的孩子在儿童面前不加遮掩地脱衣服，尤其是在两者独处时。
- 窥视儿童：成年人或年龄较大的孩子暗中或公开地观察儿童脱衣、洗澡、排便或排尿。
- 不当评论：成年人或年龄较大的孩子对儿童的身体，特别是正在发育的身体部位发表不恰当的评论（例如，评论男孩阴茎或女孩乳房的大小），也包括要求青少年分享自己恋爱生活的私密细节等。
- 如果实施者有性意图，即使只是按摩后背或挠痒痒也可能具有性意味。
- 情感乱伦：情感乱伦的父母会试图让孩子来满足自己那些本应由其他成年人来满足的需求，如对亲密、陪伴、浪漫刺激、建议或问题解决、自尊心和情绪宣泄等需求的满足。离婚或丧偶的父母常常会试图让孩子替代失去的配偶。如果父母"浪漫化"自己与孩子之间的关系，像对待亲密伴侣一样对待孩子，或者对孩子有诱惑性行为，也属于情感乱伦。情感乱伦还包括父母向孩子"倾诉"自己与其他成年人的性关系，并与孩子或青少年分享私密的性细节。
- 不当的接近行为：成年人或年龄较大的孩子对儿童做出的任何间接或直接的性暗示。这可能包括性暗示的眼神、含沙射影的话语或具有暗示性的动作。即使年长者从未触摸儿童或采取任何明显的性行动，儿童也会感受到其所投射的性意味。

意识到自己其实遭受了性虐待，会令人感到痛苦万分、茫然无措，但请相信我，知道真相总比被蒙在鼓里要好。当我们对自己的经历毫无意识时，我们极易受到操纵，再次成为受害者，我们可能会做出自己都想不到的、自我伤害的行为，并在伴侣和孩子身上重演自身经历过的虐待或忽视。

希望上述有关否认、最小化、压抑和抑制的内容，以及对于构成儿童虐待的行为的澄清，能帮助你更仔细地审视自己是否是儿童虐待或忽视的受害者。

你有权知道真相。真相会让你自由。它会帮助你打破循环，让你不再继续受伤，或不再继续虐待你所爱的人。

面对父母或其他深爱的长辈伤害自己的事实是极其痛苦的，你可能会在承认和否认间反复徘徊。你最爱也本该爱你的人，也有可能会虐待你，面对这个真相需要时间和勇气。那些曾经对你很好的人，也可能会残忍地对待你，让你的大脑接受这个事实也需要时间。你需要力量和时间来处理自己儿时因遭受虐待或忽视而承受的、伴随你至今的痛苦。你需要给自己时间，让自己变得强大到能够面对你需要面对的一切。而当你在真实与不真实之间摇摆不定时，你需要对自己有耐心。但总而言之，除非面对童年的真相，否则你永远无法打破受虐或施虐的模式。

2. 向自己承认，由于童年时被忽视、抛弃或虐待的经历，你的内心积压着未表达的愤怒、痛苦、恐惧和羞耻感

如果你曾经遭受过虐待，无论是在童年时还是在成年后，那么你可能很多时候都丧失了与自身感受的连接。你可能已经习惯了压抑自己的情绪，忽视或轻描淡写自己的痛苦，向自己和他人

隐藏自己的真实感受。你可能害怕探究那些隐藏在表面之下的感受，担心自己会被它们淹没，或担心这些情绪会给你的生活造成混乱。但事实上，如果你不表达这些情绪，那你需要担心的事情会更多。你越是压抑和抑制自己的情绪，它们越有可能会在你最意想不到的时候爆发。而且，往往正是因为你一直在压抑自己的情绪，所以你才会被那些肆意表达情绪的人所吸引——包括施虐的伴侣。尤其是当你的伴侣肆意表达愤怒的时候，这就好像是你的伴侣在替你表达你的愤怒一样。最重要的是，当你隔离了自己的情绪，你更有可能会允许他人虐待你。

如果你有施虐倾向，那么对你而言，还有一个更重要的理由让你与儿时遭受忽视、抛弃或虐待相关的未表达的感受连接。对你而言，面对那些你认为不尊重、忽视或轻视你，或一意孤行的人表达愤怒，可能完全不是问题，但你可能很难连接和表达其他更脆弱的感受，比如痛苦、恐惧和羞耻等。

练习：与你的情绪连接

许多遭受过童年虐待或忽视的受害者都存在情绪隔离问题，甚至从来都不知道自己有什么感受。下面的练习会帮助你开始识别和连接自己的情绪。

- 在这个练习中，你将只聚焦这四种情绪：愤怒、悲伤、恐惧和羞耻/愧疚——按照这个顺序来进行。
- 首先，问问自己："我现在感觉愤怒吗？"尝试"进入内心"去与这种感受连接，或者留意你是否能在你的身体中感受到愤怒（肩膀紧张、下巴紧绷、拳头紧握）。如果你感受到愤怒，那么请你使用下面的句式，多次完成这个句子（说出来或者写下来）：

"我感到愤怒，因为……"

"我感到愤怒，因为……"

"我感到愤怒，因为……"

■ 接下来，问问自己："我现在感觉悲伤吗？"完成下面的句子：

"我感到悲伤，因为……"

"我感到悲伤，因为……"

"我感到悲伤，因为……"

■ 现在，问问自己："我现在感觉害怕吗？"完成下面的句子：

"我感到害怕，因为……"

"我感到害怕，因为……"

"我感到害怕，因为……"

■ 最后，问问自己："我现在感觉羞耻或愧疚吗？"

"我感到羞耻，因为……"

"我感到羞耻，因为……"

"我感到羞耻，因为……"

养成习惯，每天至少一次停下来看看自己此刻有什么感受。这个简单的练习会起到很多作用。第一，它会提醒你停下来与自己和自己的情绪连接，而不是像你从小习惯的那样，总是对自己的情绪置之不理或者敬而远之。第二，这会让你养成习惯，在任何时候都能识别出自己当下感受到的情绪。第三，当你养成了识别自己当下感受的习惯之后，你就可以开始回答这个问题："我需要什么？"

例如，如果你发现自己感到愤怒，那么你就可以继续觉察并命名你的需要，以处理愤怒的情绪。

3. 允许自己去感受和表达那些因为经历了忽视或虐待而产生的情绪

允许内心浮现与虐待有关的情绪可能会非常困难，尤其是你的悲伤和哀伤（哀伤指的是经历重大丧失后的深切痛苦）。当你的挚爱去世时——无论对象是一只深爱的宠物、一位亲密而忠诚的朋友，还是一位亲人，你会为他们的去世而哀悼。同样的，你也需要为自己因儿时经历而失去的纯真、爱和信任而哀悼，这段经历也许还毁灭了你过去心目中对该施虐者的印象，你也需要为此而哀悼。你需要感受儿时遭遇所带来的痛苦。

我们完全有理由不愿表达自己悲伤和哀伤的感受。有些人担心一旦他们开始哀悼，就再也停不下来。也有些人害怕一旦允许自己感受痛苦，就会陷入抑郁。还有一些人感觉自己在情感上没有足够的力量去承受痛苦。另一些人则担心，如果他们允许自己哀悼，他们就会陷入童年的痛苦回忆之中，难以回到当下。这些都是合理的恐惧，让我们来一个一个讨论：

■ **担心被痛苦和哀伤淹没。**许多经历过虐待的受害者会感觉自己的内心痛苦漫溢，似乎一旦把痛苦释放出来就会引发情绪的洪流，再也无法抑制。一开始可能确实如此。一旦你允许自己释放压抑的痛苦，泪水可能会在汹涌的悲伤浪潮中涌出，并且可能会持续很久，久到仿佛停不下来一般。虽然长时间的哭泣可能会令人害怕，但好消息是你的身体会照顾好你。哭泣可能会让你咳嗽，有时甚至会喘不过气，你甚至可能会呕吐。但这只不过是你的身体在帮助你排出和清除那些虐待在你的身心留下的痕迹。你的身体不会让你哭到危及自己的地步的。你要么会变得喘不过气来，需要停下来喘息，要么会因为精疲力竭而睡着。

- **害怕过于沉浸在悲痛中而陷入抑郁。**同样，这是一个非常合理的恐惧，虽然如果你不允许自己表达痛苦和悲伤，你可能会更容易陷入抑郁。无论如何，我们不希望你过于沉浸在悲伤和哀痛中，以至于无法再体验到世间任何美好的事物。我将教你们一些技巧，帮助你们走出悲伤而不是陷入其中。（当然，如果你觉得自己陷入了悲伤或哀痛，请咨询心理治疗师或医生。）

- **害怕自己在情感上没有足够的力量去承受痛苦。**你比任何人都更了解你自己。你了解自己在不同时刻有多么脆弱。此时此刻，你可能感觉自己没有足够的力量去面对自己的痛苦，这没关系。但如果在你阅读这本书的过程中，你的痛苦和哀伤自然而然地浮现，那么我想与你分享的是：在我的经验中，来访者是不会轻易承认虐待的真相以及与之相伴的感受的，除非他们已经准备好了。如果你在阅读这一章时哭泣不止，这是你的身体在告诉你你很悲伤，你需要释放泪水。我并非要让你强迫自己哀悼虐待所带来的丧失，只是请你在眼泪开始自然流淌时不必忍住不哭。请记住，你可能远比你想象的要强大。也许，你只需要想一想自己都已经挺过了怎样的过去，就会意识到你实际上有多么强大。

- **担心会陷入过去。**这是一个合理的担忧，但你可以学习帮助自己着陆当下的方法，以避免自己被困在过去的情绪或创伤中。

我有信心你可以参与这个过程，而不会受到进一步的创伤。但是，如果你确实感觉自己难以承受这个过程中的痛苦，或者感觉自己受到了创伤，那么我建议你寻求专业的帮助。

作为人类，我们有一种远离痛苦、隔绝情绪的本能倾向。但是除非我们面对并处理自己的情绪，否则我们要么会在情绪突然爆发时完全被情绪控制，要么会变成行尸走肉，完全与自己的情绪失去连接。

练习：你的身体记忆

即使我们在无意识中压抑了自己的情绪，我们的身体也会记得它们。这些记忆被称为身体记忆。你的身体保存着对你儿时感受的记忆，它记得被忽视、指责和拒绝时是怎样的感觉。它通过僵硬、肌肉收缩和紧张，记住了痛苦和愤怒。

1. 在一张纸上，描述你当下阅读这些内容时觉察到的任何身体感觉。
2. 尝试为每种身体感觉赋予一个情绪的名称。例如："我意识到我的肩膀很紧张。我觉得这种紧张来自于恐惧。"
3. 写下一件童年时你感受到这种身体感觉和相应情绪的事件。例如："我记得当妈妈指责我的时候，我会绷紧肩膀。"

随着你继续回忆童年时的记忆，你的身体会自然地做出反应，提醒你曾经历过的一切。请留心关注你的身体传达的信息，并允许这些自然的身体反应发生。

4. 寻找安全且具有建设性的方式，来释放或表达这些感受

因为我们的身体中隐藏着压抑的愤怒，所以在身体层面释放愤怒会特别有帮助；但对某些人来说这样做也很危险。以具有建设性的方式发泄愤怒有很多方法。你可以参考以下方法，选择最吸引你的方法：

1. 写下你的愤怒感受。不要有所保留，把你所有的愤怒和伤痛感受都倾泻于纸上。给虐待你的人写一封无须寄出的信，告诉对方虐待对你造成了怎样的影响。

2. 在家中来回踱步（如果你独自一人在家），大声地自言自语，释放你所有的愤怒情绪。不要进行自我审查；说出你心中所想的一切，用怎样的词语和句式都可以。

3. 想象你正坐在虐待你的人对面，告诉对方你对其所做之事究竟作何感受。同样，不要有所保留，不要自我审查。如果你发现自己害怕以这种方式面对虐待你的人，那么你可以想象虐待你的人被绑在椅子上。如果你担心看到对方的眼睛会让你感到畏惧，你可以想象对方的眼睛被蒙住。如果你害怕对方在你表达愤怒后可能会说的话，你可以想象对方的嘴巴被捂住。

4. 把头埋在枕头里尖叫。

5. 如果你觉得需要在身体层面释放你的愤怒，你可以问一问你的身体需要做什么。你可能会感觉你需要打、踢、推、摔东西或撕毁东西。尊重这种直觉的感受，找到一种安全但能满足需要的方式释放你的愤怒。例如，你可以试着跪在床边用拳头击打床。如果四周无人，你还可以在击打的

时候喊出声音。其他释放愤怒的方式还包括：躺在床上踢腿，用力踩鸡蛋盒或其他包装盒，用力撕毁旧电话簿或废纸，或者去一个偏僻的地方扔石头等。

写下你的愤怒是一种十分安全且有效的释放愤怒的方式。无人需要知晓你写了什么，这只是写给你自己的。这既是一种承认愤怒的方式，也是一种释放愤怒的方式。

每个人的过往经历各异，有时候对一些人而言，尝试释放愤怒，或者甚至只是承认愤怒，都可能非常令人害怕。大声表达愤怒可能尤其令人害怕。每次当我让我的来访者简（Jan）大声对性虐待她的父亲表达愤怒时，她都会解离（dissociation，意识离开身体）。我注意到这一点是因为她的声音会变得越来越小，直到几乎听不见，仿佛她的所有力量都被抽离了一般。当我问她为什么会如此时，她说："小时候，我试图反抗过我父亲不恰当的触摸，或者在他提出性相关要求时说不，但这只会激怒他，更坚决地逼迫我服从。我的反抗仿佛激发了他更强烈的欲望。最严重的那几次虐待正是发生在我试图拒绝的时候。现在，每当我想象要斥责他，我都会变得麻木。我的意识会离开。"

如果每当你试图写下你对施虐者的愤怒时，你都会解离，那么一定要通过接地技术让自己回到现实中来。

基础的接地技术

下面的技术会帮助你在阅读本书的过程中保持与身体和当下的连接。当你发现自己被过去的记忆触发，或者发现自己"意识离开了身体"或解离的时候，我都建议你使用这种接地技术。这些情况对于创伤受害者来说非常常见（解离是一种常见的防御机制，受到创伤的人会用这种方式来麻木自己或者让自己与创伤隔离）。

1. 找到一个安静的、不会被打扰或分心的地方。
2. 坐在椅子或沙发上，双脚平放在地上。如果你穿着带跟的鞋子，那你需要脱鞋让双脚平放在地上。
3. 睁开眼睛，深呼吸几次。将注意力再次集中于感受脚下的地面。在整个练习过程中保持呼吸，并感受双脚平放在地上。
4. 现在，在继续呼吸的同时，用清晰的视线环顾房间。在你慢慢扫视房间的过程中，注意房间内物体的颜色、形状和质地。如果你愿意的话，可以左右转头用眼睛环视房间，从而看到更宽广的视野。
5. 将注意力重新集中于感受脚下的地面，同时继续呼吸，并注意房间内物体的不同颜色、质地和形状。

接地练习有以下几个作用：

■ 它会把你的意识重新带回身体，而这会让你从被（创伤事件）触发或解离的状态中停下来。
■ 它会把你重新带回当下，回到此时此地。在你被触发或者被某段记忆拉回过去的时候，这是一件好事。

通过用视觉关注外在世界，有意识地将注意力聚焦在自身以外，会帮助你打破羞耻的循环，让这些感受和想法逐渐平息。

如果你很难允许自己生气，或者害怕生气后会失控，那么请参考我的书《尊重你的愤怒》（*Honor Your Anger*）。这本书会帮助你克服恐惧和抗拒，并提供更多建议帮助你用具有建设性的、安全的方式释放愤怒。

释放自己因遭受虐待而产生的愤怒，会帮助你认识到虐待不是你的错。尽管你可能在**理智**层面上知道，作为一个孩子，并不是你导致了施虐者的所作所为，你也不应该遭受虐待，但表达你对于遭受虐待的愤怒，可以帮助你在更深的层面上认清这些真相。

对于那些**内化了**愤怒（即责怪自己）的人来说，将愤怒重新转向施虐者尤为重要。毕竟，施虐者才是你愤怒的合理对象。通过允许自己对施虐者生气，愤怒的致命力量将朝着正确的方向移动——向外而不是向内。

记住，内化愤怒和自责不仅会让你感到愧疚和羞耻，还可能会导致你用糟糕的关系或自我毁灭的行为（如酗酒或吸毒，过度节食，暴饮暴食，用剃刀、刀子、别针、香烟自残）来惩罚自己。让所有的自我憎恨都变成对施虐者的正当的愤怒吧。不要再把愤怒发泄在你自己身上，而是将之发泄出去。

释放你对施虐者的愤怒也可以帮助你把羞耻还给施虐者——毕竟，那是施虐者将自己的羞耻施加在了你的身上。

如果你想直接地与施虐者对质，那么我鼓励你先继续用健康的、具有建设性的方式释放你的愤怒，从而避免将自己或他人置于危险之中。我也鼓励你认真考虑与你的施虐者对质是否安全（无论是在情感还是在身体层面上）。如果这个人没有改变，那么他可能还会在身体或情感上对你进行虐待，导致你再次受到创伤。如果想了解更多有关直接对质的利与弊，请阅读我的书籍《打破虐待的循环》（*Breaking the Cycle of Abuse*）。

5. 与施虐者对质（最好采取间接的方式）

如果你觉得自己能够在不危及自己或他人的情况下直接与你的原始施虐者对质，你可以这样做。但是对很多人来说，间接的对质会更有好处，这或许是因为他们的原始施虐者已经病重或年事已高，或仍然具有虐待倾向，或是因为他们过去曾尝试过直接对质，但结果并不好。由于种种原因，多数人会选择采取以下方法之一来间接地与原始施虐者进行对质：

1. **写信。** 写下你一直以来所有想说的话，确保包含以下几点：（1）施虐者做了什么让你感到愤怒/受伤；（2）这对你造成了哪些伤害，对你的生活产生了何种影响；（3）你现在希望施虐者做些什么（例如，道歉，更好地对待你）。在写完这封信后，你可以决定是否要将它寄给你的原始施虐者。
2. **想象对话。** 假装和你的原始施虐者对话，毫无保留地告诉对方你的感受如何。你可以假装那个人坐在对面的椅子上（很多人发现在椅子上放一张对方的照片会有所帮助）。

与你的原始施虐者对质，即使是间接的对质，也能让你夺回你的权力，并向自己证明，你再也不会允许他/她恐吓或控制你。

6. 解决你与原始施虐者的关系问题（通过设定边界、暂时或永久分离、原谅等方式）

解决意味着尽你所能地结束与那些忽视、抛弃或虐待你的人的关系。你可以与对方对质，并让他们知道他们的行为对你造成了多大的伤害，你也可以通过设定边界，或者在某些情况下，通过离开这段关系的方式，摆脱对方的控制。

解决你与你的父母（或其他原始施虐者）的关系问题，是打破你的受虐或施虐模式的最重要的步骤之一。到目前为止，你所做的所有事情，包括承认自己受到了虐待、释放自己的愤怒、与你的原始施虐者对质等，都是解决你们关系问题所必需的步骤。除此之外，你可能还需要遵循以下建议：

1. 如果你仍然过于依赖你的父母（或祖父母或兄弟姐妹），那么请你开始为自己做决定，减少对他们的指导和反馈的依赖。你可能还需要切断与他们之间所有的经济往来，这些经济往来可能会让你继续留在依赖他们的关系中，而阻碍你建立起独立照顾自己的信心。

2. 如果你的父母仍然过度控制你，让你感到窒息，那么请你告诉他们你已经不再接受过去的关系模式了。这样表达之后，无论他们如何威胁或尝试操纵，你都要坚定地维护自己的立场和边界。

3. 如果你的父母仍然在虐待你，无论是在情感、身体还是性方面，那么你需要就不可接受的行为与他们对质，或者暂时与他们分开，以积蓄力量来与他们对质。

如果你已经与父母疏远了一段时间，那么你或许会希望按照自己的方式逐步重建关系（如果你觉得安全的话）。例如，如果你父母中的一方或双方对你过于严苛，请你告诉他们你不会再容忍这种行为。当他们开始指责你的时候，对他们加以提醒。如果他们继续指责你，告诉他们，你不会在他们指责你的时候继续和他们待在一起，然后就起身离开。随着时间的推移，他们可能会意识到，如果他们想待在你身边，他们就需要改变自己的行为。否则，你可能会继续远离他们。

完成你的未完成事件，是治愈童年虐待或忽视最重要的部分。同时，这可能也是你打破受虐或施虐模式的最有力的步骤。这个过程可能漫长而痛苦，但你将发现这非常值得。

推荐电影

《疗愈火山岛》（*Stromboli*，2022），描绘了虐待受害者对未完成事件的处理。

第6章

用自我关怀治愈羞耻感

> "多年来，你一直在批评自己，却并无多大用处。不妨试试认可自己，看看会发生什么。"
>
> ——露易丝·海伊（Louise Hay）

要从童年虐待和忽视中康复，个体往往需要减少或消除自己所承受的羞耻感。但这说起来容易，做起来难。举例来说，虽然你可能在理智上明白，你小时候所遭受的虐待或忽视并非你造成的，但大多数曾经的受害者仍然会为此而自责。此外，侵犯行为本身也会带来羞耻感——一种伴随着无力和耻辱的羞耻感，以及被自己所爱并迫切渴望被爱的大人拒绝和背叛而产生的羞耻感。面对自己曾经无力且无助、曾经被所爱之人背叛的真相是如此痛苦而可怕，以至于很多人干脆拒绝面对。

除了因虐待而产生的羞耻感以外，很多父母觉得他们需要羞辱孩子，才能让孩子乖乖听话，因此他们会用羞辱、侮辱的方式管教孩子。他们似乎觉得自己有必要击溃孩子的精神，就像牛仔击溃一匹马一样。但最终导致的结果是，孩子要么因父母的残忍而变得憎恨父母，要么变得害怕父母（或二者兼而有之）。无论是哪一种情况，孩子所经历的羞耻感都会压垮他，并成为其性格的一部分。憎恨父母的孩子会变得封闭和僵化，无法接受关心和爱。他的内心充斥着羞耻感，以至于他再也无法承受多一分的羞耻。因此，为了保护自己，他必须确保自己永远"正确"。这种类型的人往往会变得控制欲极强，会对他人进行羞辱或虐待。

上述羞辱的管教方式的另一极端结果是：孩子变得极度顺从，她的精神完全被击溃，导致她总是犹豫不决、沉默寡言，丝毫不敢越举或冒险。她可能会变得依赖父母或其他人，也可能会因为害怕被继续羞辱而选择顺从。她从不质疑，从不以任何方式反抗权威。她可能甚至无法在与朋友或伴侣意见不合时维护自己，而是会任由别人欺负自己（我在《好女孩综合征》（*The Nice Girl Syndrome*）一书中描述过这种现象）。因此，尽管羞辱确实能有效地摧毁孩子的意志，但它也会摧毁孩子的精神，造成情感上的残缺。这可能会导致他们很容易吸引控制且专横的伴侣，同时也容易被这样的伴侣所吸引。

练习：你在童年时被如何羞辱过？

- 列出童年时使你感到羞耻的事情。
- 现在，展开写一写你记忆中那些最令你感到羞耻的事情。请花些时间回忆这些事件或话语，尽可能详细地记录下来。在书写的过程中，留意你身体的反应如何，以及你感受到何种情绪。这些感觉和情绪可能会让你联想到自己在当前关系中的感受，尤其是当你的伴侣使用虐待手段羞辱或控制你时，或者当你以控制、指责或其他方式虐待他人时。

羞耻感几乎是受害者所有症状的核心，因此，只有处理好羞耻感，才有康复的希望。虽然治愈童年虐待还涉及其他的部分，但最重要的莫过于让自己摆脱令人痛苦的羞耻感。在本章中，我们将重点讨论羞耻感是如何助长受害者心态和施虐者心态的，以及如何开始通过自我关怀治愈羞耻感。

羞耻感如何导致再次受害

研究表明，羞耻是童年虐待受害者的一种高度特征性的情绪，使他们持续陷入自我贬低。受害儿童往往认为自己不值得被无条件地爱。这种信念往往会延续到他们成年后的人际关系中。

此外，研究表明，有过童年受虐经历的成年人，尤其是女性，很可能会在之后的生活中再次受害。例如，一项著名的调查发现，在童年时遭受过身体或性虐待的女性中，成年后再次遭受暴力的比例为 72%；而在童年时没有遭受过虐待的女性中，这一比例为 43%。

总的来说，遭受过任何形式的童年虐待或忽视的人，会格外容易再次受害。其中的原因如下：

- **自我意识受损。**这会增加你再次受害的风险，包括受到情感虐待、家庭暴力和强暴。自我意识受损也会让你难以向他人寻求帮助，难以建立或寻找支持网络，或利用现有的支持。它还会导致你总是依赖他人反应来判断自己对事情的感受，这也使得你可能轻信他人，容易被他人操纵。你可能会无法建立恰当的边界，哪怕对象是自己的孩子。

- **回避。**回避策略可以暂时减轻情绪痛苦，从而帮助你应对压力。回避策略的例子包括：物质滥用、强迫性的高风险性行为、进食障碍和自伤行为。最常见的一种回避是**解离**，这是一种"逃离"虐待和痛苦的方式。成年幸存者常常自述，在遭受虐待时，他们能够麻痹自己的身体，或者从身体上方"观看"虐待的发生。然而，解离可能会变成一种无意识的习惯，不仅让你远离痛苦或虐待的环境，而且容易让你否认虐待的发生。如果你抽离了自己的身体，你可能会过分忍受长期的虐待。

- **认知扭曲。**如果你在童年时遭受过虐待或忽视，那么你可能会认为世界是一个危险的地方。由于曾经的无力，你可能会低估自己应对危险的自我效能感和自我价值感，觉得自己面对困境束手无策。你可能会感到无力保护自己。

- **低自尊。**研究表明，低自尊的女性，尤其是那些在童年时遭受过暴力或目睹过父母之间的暴力的女性，在成年后往往有受害的风险。
- **对暴力习以为常。**如果在孩子的成长过程中，父母一方对另一方进行了情感或身体上的虐待，孩子可能会认为暴力行为是处理冲突的正常反应。

童年忽视如何导致你更易受害

研究还表明，童年忽视会增加一个人成年后遭受亲密伴侣暴力（Intimate Partner Violence，IPV）的可能性。具体而言，研究发现，被查实有童年忽视经历的成年人，遭受亲密伴侣心理虐待的风险更高，无论是在虐待的频率还是类型上。

令人惊讶的是，情感忽视对儿童产生的影响之大，甚至不亚于身体虐待或性虐待所造成的影响。

遭受了情感忽视的儿童会在内心深处形成深刻的孤独感。在孩提时代，他们感到自己的需求无关紧要，自己的感受无人问津，认为自己永远不应该向外界求助（要么是因为求助会被视为软弱的表现，要么是因为他们对获得帮助不抱任何希望）。

如果你曾在童年经历过情感上的忽视，那么请思考一下，为什么这种经历会导致你在成年后更易遭受情感虐待。一种可能是，对方表面上承诺会给予你爱和关注，而这是你在父母那里从未获得的；另一种可能是，由于你儿时几乎没有得到过爱和关注，所以你对伴侣也几乎不抱期待。

羞耻感如何导致虐待行为

第 4 章曾提及，有些孩子在遭受了严重的虐待后，会产生极强的羞耻心。这类个体往往会用愤怒作为防御，以避免感受到任何的羞耻感。虽然大多数人都会在受到羞辱或贬低时感到愤怒，但羞耻心强的人往往极其敏感，防御性极强，一旦感觉到被指责或被攻击就会暴跳如雷，而且这种情况经常发生。因为他们对自己非常严苛，所以他们相信别人也都会对他们很严苛。因为他们厌恶自己，所以他们觉得别人也都不喜欢他们。如果你深陷羞耻之中，那么一句玩笑或者一句善意的批评都可能会让你陷入数小时的愤怒。因为对方说的话令你感到被羞辱，所以你可能会费尽心思让对方也陷入自我厌恶之中，这本质上是在将你所感受到的羞耻转嫁给对方。

羞耻心极强的人用愤怒来进行防御的另一种方式，是在别人有机会攻击他之前先攻击别人。他们其实是在说"别再靠近我了，我不想让你了解我真实的样子"。这种愤怒很有效，它可以驱逐他人，或者让人从一开始就不敢接近你。

这些想方设法防御羞耻感的人为自己筑起了一道保护墙，以杜绝任何被他人指责的可能性。为此他们可能使用的策略包括：在他人有机会批评自己之前先批评对方，拒绝谈论任何自己的缺点，把批评的矛头转向对方，指责对方撒谎或指责对方过分渲染对自己的不满，以及将羞耻感投射到他人身上。

如果你已经开始虐待伴侣及其他人，那么你需要明白，防御并不会让羞耻感消失——它只会愈演愈烈，就像一个无法愈合的伤口只会继续溃烂。那么，究竟怎样才能治愈童年虐待所带来的痛苦的羞耻感呢？放下这一重负的方法是直面羞耻，而不是逃避。不再否认、面对虐待的真相固然痛苦，但继续苛责自己、继续承受因此而产生的羞耻，只会令人更加痛苦。

治愈羞耻感的良方：自我关怀

自我关怀是治愈羞耻感最有效的解药。关怀是一种感受他人痛苦并与之联结的能力，而自我关怀则是一种感受自身痛苦并与之联结的能力。具体而言，自我关怀是指在感知到自己的不足、失败或痛苦时，对自己施以关爱的行为。

得克萨斯大学奥斯汀分校的心理学教授克里斯廷·内夫（Kristin Neff），是自我关怀这一日益发展的领域的主要研究者。在她的开创性著作《自我关怀的力量》（*Self-Compassion*，2011）一书中，她将自我关怀定义为"敞开心扉感受自己的痛苦，体验到对自己的关爱和善意，对自己的不足和失败抱以理解和非评判的态度，并认识到自己的体验是人类共有体验的一部分"。

自我关怀鼓励你开始以一种善意、爱护和慈悲的方式来对待自己、与自己对话，就像对待一个好朋友或者一个心爱的孩子那样。研究发现，与他人的痛苦联结具有安抚甚至治愈他人的病痛的作用，同样的，与自己的痛苦联结也会为你带来安抚和治愈的效果。

练习：对自己心怀关爱

■ 想一想你认识的对你最心怀关爱的人——一个一直善待、理解和支持你的人。也许是一位老师、一个朋友，或是一个朋友的父母。想一想这个人是如何向你表达关怀的，以及你和这个人在一起时的感受。

■ 如果你想不出生活中关怀你的人，那就想一个心怀关爱的公众人物，或者甚至是书籍、电影或电视中的虚构人物。

■ 现在，想象你有能力可以像这个人关怀你（或者你想象这个人会如何关怀你）一样关怀自己。你会如何对待自己？你会使用怎样的语言与自己对话？

这就是自我关怀的目标——像你所认识的对你最心怀关爱的人那样对待自己，像这个心怀关爱的人与你说话时那样，用充满慈爱、善意和支持的方式与自己对话。

练习：给自己关怀

■ 想想你童年时最痛苦的一次遭受虐待或忽视的经历，并试着回忆你当时的感受。
■ 将手平放在胸前靠近心脏的位置，然后试着对自己说以下的话（或其他类似的话）：

"这些事发生在你身上，我很难过。我知道这真的很难，没有人在你身边帮助你。你本该得到保护，本该得到安抚，但是你却不得不独自面对痛苦。"

自我关怀会帮助你给予自己你所迫切需要的滋养、理解和肯定，从而使你感到自己是值得被关爱和接纳的。

练习：描绘自己

许多曾经的受害者都很难回忆起自己被虐待或忽视后的感受，因此也很难对自己的痛苦表示关怀。有一种方法可以帮你回忆起这些感受。如果你有自己小时候的照片，请翻看它们，找出一两张能引起你的共鸣、让你回忆起童年的照片。如果你能找到自己遭受虐待时所处年龄段的照片，那是最理想的。

练习：自我关怀的信

1. 仔细看看你所选择的照片。

2. 注意你脸上的表情、你的姿势，以及其他任何可以显示出你当时感受的线索。你可能会注意到你看起来很悲伤、恐惧或者愤怒。但你也可能看不到任何线索。

3. 当你看着这些照片，并回想自己当初都经历了什么的时候，留意自己的感受。

4. 给自己写一封"自我关怀的信"，告诉小时候的自己，当你现在回想自己儿时曾经遭受过的痛苦时，你都有怎样的感受。以长大后的自己对儿时的自己说话的口吻来书写。

5. 写完之后，把这封信大声地读给你自己听（或者更准确地说，是读给小时候的自己听）。让自己接受这些善意、支持和关怀的话语。

治愈施虐者心态

你已经知道，羞耻感深埋于我们内心深处，是一种感到被看穿、感到毫无价值的感受。当我们尽力防御的那些部分——我们的弱点、缺陷和错误——暴露出来时，我们就会感受到羞耻。我们越是隐藏自己的弱点，羞耻感就越强烈。羞耻感越强烈，我们需要建立的防御就越多。而那些有施虐倾向的人往往也有着最强的防御机制。事实上，他们所防御的是自己内心受伤和羞耻的感受。

陷入受害者模式的人，在出现问题时，往往陷入自责。但那些虐待型人格的人却恰恰相反，在关系中出现问题时，他们往往怪罪别人。错永远都在于别人，而不在于他们自身。他们将自己感受到的羞耻转化为责怪。施虐者很少同情他们所伤害的人，他们满脑子想的都是别人如何伤害了自己或不尊重自己，所以在他们看来，自己对对方的伤害完全合情合理。

如果你有虐待他人的倾向，那么通过练习自我关怀，你会慢慢开始理解为什么你会形成施虐的模式。你将学会在自身遭受的虐待和你的施虐倾向之间建立关键的联系。你会变得更有能力去关怀儿时那个被忽视或被虐待的自己，并开始利用这种自我关怀在行动和言语上滋养自己。通过自我关怀，你将学会原谅自己的虐待行为，并连接到自己内心对于自身所作所为的愧疚感。当你逐渐开始对自己更加宽容，并最终更加爱自己的时候，你的自我憎恨就会开始消融。

随着你开始治愈自己的羞耻感，你会越来越有能力卸下原先用于抵御羞耻的防御之墙，解放自己，让自己开始真正地与他人联结，并最终对他人产生关怀，而这反过来也会大大降低你再次施虐的可能性。此外，在消除了大部分羞耻感以后，你也会更坦诚地面对自己，包括承认自己过去的虐待行为，并在当下开始产生虐待想法时及时觉察。

只要完成这些步骤，那些具有施虐倾向的人就能开始感受到对受害者的真正的关怀。他们会学会把伤害他人的羞耻转化为对受害者的关怀。最后，他们会发现关怀与愤怒无法共存。而这将成为他们坚定不再施虐的决心的最后一步。

治愈受害者心态

许多正在遭受情感（或身体）虐待的人认为，他们之所以无法保护自己或结束关系，是因为他们的自尊心太低。但其实除了自尊之外，他们还缺乏自我关怀。缺乏自我关怀的人，往往会在犯错或未能达到自己或他人不合理的期待时，严厉地苛责自己。他们会开始自我斥责，并因为自己的不完美而自我攻击。有时，他们对自己的感觉如此糟糕，以至于他们认为自己不值得被善待。此外，缺乏自我关怀会使得他们持续地将他人对自己的伤害归咎于自己。毕竟，他们"罪有应得"。最重要的是，如果没有自我关怀，他们甚至无法承认自己过去遭受虐待的痛苦。而这种承认正是治愈的重要前提。

通过练习自我关怀，你可以摆脱过去的束缚，创造自己选择的未来，而不是生活在过去的阴影中，不断重复情感、身体或性虐待的经历。你的生活不会再像一张坏掉的唱片一样，不断重复播放同样的旧旋律，你将会自由地谱写属于自己的乐章。

知易行难

对于那些在童年时期受过虐待或忽视的人来说，实践自我关怀并不容易。首先最重要的是，在大多数受害者成长的环境中根本不存在任何关怀，更没有人会对他们施以关怀。其次，大多数在童年时期经历过虐待的人都没有培养出自我关怀的能力。事实上，你可能被塑造成了自我关怀的反面——自我苛责、自我否定、忽视自己的需要。

自我关怀既是一个过程，也是一种实践。你不会突然变得对自己充满关怀。你也不能只是"决定"要变得对自己充满关怀。你需要投入时间和练习，以自我关怀的方式看待自己，并将其作为日常生活的实践。

自我理解

在开始练习自我关怀之前，大多数遭受过童年虐待或忽视的受害者都需要先获得自我理解，它是自我关怀的一个重要组成部分。自我理解意味着你明白，你之所以成为今天的自己，是因为你过去所经历的一切，尤其是在成长过程中的经历。换句话说，你小时候被对待的方式与你如今对待自己和他人的方式之间有着直接的联系。这并非是说你之所以会成长为现在的样子都是他人的责任。但是，你必须清楚地认识到，如果没有童年或少年时期的经历，你就不会有今天的处境，无论是作为受害者还是施虐者。

获得自我理解将帮助你减轻多年来困扰你的羞耻感，让你不再将虐待归咎于自己，不再对自己如此苛刻和有如此多的评判。和许多儿时遭受过虐待的人一样，你可能不仅为虐待本身而羞耻，而且为你对他人和自己造成的伤害而羞耻。这种羞耻感会阻碍你感受自我关怀。因此，**自我理解实际上是打开自我关怀之门的钥匙**。一旦你开始理解自己，理解自己的问题行为背后的动机和原因，你会发现实践自我关怀变得容易多了。

遭受过童年虐待的人，往往很少会（或者说几乎不会）带着关怀的态度去探究自己行为背后的原因。仔细想想，这实际上非常令人难过。作为童年虐待的受害者，你无疑经历过父母或其他成年人带来的痛苦和折磨（有时是非常可怕的痛苦和折磨），然而你不仅不允许自己承认痛苦，还期望自己毫发无伤地从虐待中走出来。在你的创伤未获得任何帮助或治疗的情况下，你就期望自己能若无其事地继续生活。

不幸的是，这种想法会让你付出巨大的代价。首先，如果你在童年时遭受了虐待，那么你的经历必然对你造成了创伤。也许你当时并没有意识到自己受到了创伤，但你确实受到了创伤。也许你并没有意识到创伤是如何影响你的，但它确实影响了你。

　　由于曾经受到的虐待，在长大成人后，你不仅背负着极度痛苦的羞耻感，而且还背负着创伤的记忆，以及这些记忆所伴随的压力。这些创伤后症状有着沉重的代价。

　　我反复告诉来访者，在我的职业生涯中，我还没有遇到过任何一个在童年遭受虐待后没有展现出任何问题行为的受害者，这些问题行为可能包括酒精或物质滥用、失控的性行为、性成瘾、赌博和偷窃等成瘾行为，也包括自伤、施虐，或反复陷入虐待关系的模式。

　　我希望你不要因为童年创伤导致的某些问题行为就觉得自己是"坏人"，相反，我希望你更好地理解自己，减少自我批评，意识到你所做的那些不当之事并不代表你的真实本质，而只是你为了应对曾经的创伤而习得的方法。反过来，我也希望这种自我理解会帮助你以更具关怀的方式对待自己。

　　与其为自己应对创伤的"努力"而自责，不如开始认识到你的"症状"其实是有适应功能的。这被称为创伤敏感性（trauma-sensitive）。例如，酗酒和其他形式的物质滥用，往往是受害者为了应对高度的、甚至是难以忍受的焦虑所做的努力。认识到这一点并对自己抱以关怀是改变的首要步骤，也是最为关键的一步。一旦你做到了这一点，你就可以集中精力学习那些能带给你安抚和掌控感的方法，比如写日记、洗热水澡、用凉毛巾敷额头、练习接地技术或深呼吸——这些方法都有助于自我安抚能力的提升。

结合受虐经历理解你的症状

　　现在，你对自己为何会采取某些行为来应对过往的虐待经历已经有了更深的理解，希望你能对自己的问题行为少一些羞耻，减少自我批评。以下练习将有助于你尝试自我理解。

练习：虐待与你的行为之间的联系

1. 列出最令你困扰的行为，或者你曾做过的最令你感到羞耻的事情（例如，酒精或物质滥用、失控的性行为、虐待行为等）。

2. 仔细思考每一个行为，看看你能否找到这种行为与你的受虐经历之间的联系。

3. 一旦你找到了这种关键的联系，观察一下你是否对自己和自己的痛苦产生了更多的关怀。

4. 下一次当你发现自己有不健康或自毁行为时，请不要责怪自己的行为（也不要责怪自己有想要做出这种行为的欲望），而是试着对自己说以下这些话：

■ "考虑到我所经历过的虐待，我的这种行为是可以理解的。"

■ 或者简单地对自己说："我理解自己为什么会有这样的行为。"

重复虐待循环

目前为止，我们已经讨论了受害者以物质滥用、自伤、性成瘾、赌博和偷窃等成瘾行为作为应对机制的原因。在本节中，我们将重点讨论受害者背负巨大羞耻感的另一个原因——他们的行为可能也伤害了别人。

一个悲伤的事实是，没有人能毫发无伤地度过被虐待或忽视的童年。一个更加悲伤的事实是，没有人能够避免以某种方式延续暴力的恶性循环。在许多情况下，那些遭受过虐待或忽视的人，在他们的一生中会同时成为施虐者和受害者。研究表明，有童年虐待史的人攻击家庭成员或性伴侣的可能性，是没有此类虐待史的人的四倍。童年时遭受过虐待的女性在成年后继续受害的可能性也远远大于没有此类经历的女性。

即使是最善意的人也会突然暴怒，正如他们童年时曾目睹或经历过的愤怒一般。当他饮酒过量，感到被激怒，或受虐待的记忆被"触发"时，他的愤怒很可能就会浮现出来。或者，情况也可能完全相反，如果她在童年时遭受过虐待，或者目睹过母亲被虐待，她成年后可能会嫁给一个会对她或孩子进行身体虐待的男人。她会变得无助，无法保护自己，也无法离开，正如她母亲曾经那样。

虐待和忽视的隐性后遗症

除了会延续虐待的恶性循环，虐待和忽视还会留下其他更加微妙的后遗症。例如，有此类经历的人往往无法客观地看待自己的伴侣、孩子甚至是同事，而是会透过恐惧、不信任、愤怒、痛苦和羞耻的扭曲滤镜来看待他们。他们会看到其实并不存在的嘲笑、拒绝、背叛和抛弃。由于自尊心太低且缺少自我关怀，他们可能会变得过度敏感，总觉得别人在针对自己。他们也可能有控制欲的问题，要么需要支配他人，要么容易被他人支配。那些经历过忽视或虐待的人往往无法信任自己的伴侣。他们会重蹈父母的覆辙，将伴侣视为敌人而非盟友。当他们为人父母时，会发现自己在看到孩子的需要和痛苦时，很难不想起自己的需要和痛苦。他们也很难允许自己的孩子犯错，而容易将这些错误看作是对他们个人的侮辱，或者视为对他们家长角色的否定。在工作场合中，他们也会在与老板和同事的关系中，重现过去与父母和兄弟姐妹之间的矛盾。

你的这些行为完全是可以预见也可以理解的，自我贬低并不能帮助你停止消极和破坏性的行为。事实上，自责只会让你对自己感觉更糟，并因此失去改变的动力。但是，获得自我理解会非常有帮助。当你本就已背负着过于沉重的羞耻感时，自我理解可以避免你进一步陷入羞耻，并成为激励你成长和改变的动力。

自我理解的主要目标之一是让你停止一直以来的自我评判，转而聚焦于对自己的错误和失败的理解。不要因为自己的过错或疏忽而自责，也不要盲目否认自己的错误，重要的是要开始相信，自己的作为或不作为都有其合理的原因。这需要你迈出重要的一步，它将成为你摆脱长期困扰你的羞耻感的至关重要的第一步。

代际创伤的角色

正如克里斯廷·内夫在《自我关怀的力量》一书中所写："当意识到我们只不过是由数不清的因素造就而成的，我们就不必把个人失败当成仅仅是个人的了。只要承认原因与条件是一个错综复杂的网络，我们自己也嵌入其中，我们对自己和他人就不会那么横加批评和指责。就像我们必须接受上天发到我们手中的"牌"，对于这种网络性的深刻理解让我们能对自己已经尽了全力的事实抱以关怀。"

理解"代际创伤"这一概念，对于理解自己的"罪过"和"疏忽"来说是很重要的一部分。代际创伤指的是创伤经历从受害者传递给他们的后代的现象。我们已知虐待会代代相传，而当今的科学研究也证明了这一点。

要了解代际创伤，就必须认识到父母/祖父母/曾祖父母他们自身的经历是如何导致虐待和忽视行为的。发生代际创伤时，创伤的影响会在几代人之间传递。例如，如果父母在他们小时候曾遭受过虐待，那么这可能会影响他们养育子女的方式。

代际创伤不止包括虐待和忽视，还包括以下情况：

- 家庭氛围麻木。
- 家庭中存在信任问题。
- 家庭成员容易焦虑且变得过度保护。
- 家庭成员之间的边界不健康。

因此，尽可能地了解自己的家族史非常重要。例如，你的母亲是否曾被她的母亲抛弃？如果是的话，你认为这对你有什么影响？你是否来自有酗酒问题的家庭？虽然这并不能成为你酗酒的借口，但我们知道，酗酒确实会代代相传，理解这一点既可以帮助你更好地理解自己，又可以帮助你获得一些自我关怀。

受到代际创伤影响的人，可能会出现类似创伤后应激障碍的症状，包括过度警觉、焦虑和情绪失调。他们所展现的创伤症状和创伤反应，并非源自他们的个人经历，而是来自遗传。

当一个人经历创伤时，其 DNA 会通过激活基因来做出反应，帮助他度过压力时期。那些能让我们准备好做出战斗、逃跑、僵住或谄媚反应的基因会被激活，帮助我们为未来的危险情况做好准备。然后，我们将这些基因传递给我们的后代，从而让他们为可能发生的创伤事件做好准备。

这种时刻处于备战和自我保护状态的代价是我们身体压力水平的提高，这会给我们的身心健康带来长期的影响。理解代际创伤可能的影响至关重要。这种理解是治疗个人的代际创伤，并预防未来的代际创伤的首要步骤。

练习：你的罪过和疏忽

写下你曾经伤害过的人，以及你造成伤害的方式，特别关注你对你的孩子和伴侣的伤害。

1. 逐一查看你的清单，写下导致你的作为或不作为的各种原因和条件。你已经将自己的有害行为与过去的虐待或忽视经历联系起来了，现在再想想其他的诱发因素，比如家族暴力史、创伤或者可能源自遗传的成瘾问题。

2. 现在问问自己，为什么你会对他人，尤其是对自己的孩子，做出虐待或忽视的行为。例如，你是否满腔怒火而无法自控？你是否对自己充满厌恶，以至于不在乎自己对别人造成了多大的伤害？你是否筑起了一道高高的防御之墙，以至于无法共情或关怀被你伤害的人？

3. 现在你已经更深入地理解了导致自身行为的原因和条件了，看看你能不能将克里斯廷·内夫所描述的"共同人性"（Neff，2011）的概念应用到自己身上：你是一个不完美的、会犯错的人，就像每个人都可能犯错那样，你做出了伤害别人的行为。尊重你作为人的不完美的局限性。关怀自己。原谅自己。

在你继续练习自我关怀的过程中，请你不时提醒自己，那些最令你感到羞耻的行为很可能是你的应对方法和生存技能。无论你过去或现在犯了什么错，无论你是受害方还是施虐方，通过练习自我理解（自我关怀的一个重要组成部分），你会意识到自己的童年环境很可能为你当前的行为埋下了伏笔。通过自我关怀，与自己所经历的痛苦产生联结，你将获得自我觉察，并最终实现自我赋能。

第三部分

停止虐待

第 7 章

受害者的行动步骤

健康的关系不会拖你的后腿，而是会激励你变得更好。

——匿名

健康的关系从来不会要求你牺牲你的朋友、梦想，或尊严。

——丁卡·卡洛塔（Dinkar Kalota）

在本章中，那些正在遭受虐待的人将会学到，自己可以做些什么来停止关系中的虐待。虽然最理想的情况是你和你的伴侣共同致力于改善你们的关系，但很多时候施虐的一方往往会拒绝承认自己的虐待行为，也不愿意寻求帮助，他们甚至可能不愿意通过读书的方式来获得帮助，比如这本书。但这并不意味着你们的关系就没有希望了。在某些情况下，受虐待的一方也可以成为那个让虐待停止的人。这并不意味着你要为虐待负责，也不意味着你是"罪魁祸首"或者你"罪有应得"。这也不意味着你可以改变施虐者——只有施虐者自己才能做到这一点。但这确实意味着，在某些情况下，直面虐待你的伴侣，改变你应对施虐行为的方式，可能会促使施虐者改变行为，或者至少调整行为。

这听起来可能有些让人难以置信。"我能做什么让虐待停止？我什么都试过了，但是全都不管用。"虽然我相信你已经尝试了你能想到的一切方法来让你的伴侣停止虐待，但是可能还有一些你没有考虑过的特定事项，这些事项或许能有效阻止伴侣继续虐待你。当然，确实在有些情况下，无论你做什么都无法改变施虐的伴侣对待你的方式，你唯一的选择就是结束这段关系。但是，遵循本章提供的信息和策略，即使你最终还是决定结束关系，你也知道自己已经尽了一切可能尝试挽救它。

你远比你以为的更有力量。而阻碍你与这份力量连接的可能是你的个人经历，正是这段经历剥夺了你的自尊和个人力量感。一旦你接纳并处理好自己的过去——首先识别出哪些因素造就了你当前的处境，然后按照本章介绍的步骤行动，你也许就能重新获得力量，并随之获得再也不让自己受到虐待的决心。

虽然本章是专门为那些正在遭受虐待的人所写的，但我鼓励伴侣双方都读一读。在一些关系中，伴侣双方都曾在情感上虐待过对方，所以本章实际上可能对双方都适用。即便关系中只有单方受虐，施虐的那一方也可以通过阅读本章获得对其伴侣的深刻共情，而这种共情可以成为停止虐待的关键。

本章专为正在遭受情感虐待的人设计，由以下八步计划组成：

- 第 1 步：承认自己正在遭受情感虐待，并承认自己因此而受到的伤害；
- 第 2 步：理解自己选择施虐伴侣的（可能是无意识的）动机可能为何；
- 第 3 步：理解自己为何会一直忍受虐待；
- 第 4 步：理解自己的模式，继续尝试完成未完成事件；
- 第 5 步：就虐待行为与伴侣对质；
- 第 6 步：关注你因受到虐待而产生的感受；
- 第 7 步：设定并捍卫自己的边界，夺回属于自己的权力；
- 第 8 步：继续为自己发声。

多年来，我的许多来访者都成功地使用了这个计划。通过实施这个计划，很多人发现虐待的频率下降了，甚至虐待停止了。而如果虐待仍持续发生，这个计划也帮助我的来访者获得了必要的力量和决心，摆脱了这段关系。同时，他们也理解了自己为什么会选择一个施虐的伴侣，而这种理解将帮助他们避免未来再次陷入虐待关系。

当然，我的大多数来访者也都在继续接受心理治疗，这无疑也对他们有所帮助。我鼓励那些有条件接受心理治疗的人寻求这种外部帮助。从心理治疗中获得的洞察和支持会对你大有裨益。而对于那些难以负担心理治疗，但仍愿意花大量时间和精力来理解自己和自己行为模式的人，我相信你们也能通过这个计划获得许多与我的来访者相似的积极效果。

这里面的一些步骤可以在相对较短的时间内完成，并且能立即见效。另一些步骤则旨在提供长期的解决方案，这意味着完成它们可能需要几个月甚至几年的时间。而如果你想停止那些正在摧毁你的自尊、自我意识和人际关系的情感虐待，那么短期和长期步骤都是必要的。

在大多数情况下，我建议你按照这个计划的顺序行动，完成一步，然后再进行下一步。你会发现，虽然有些步骤相当困难，但你从上一个步骤中获得的力量和领悟会让接下来的步骤变得更容易一些。不过也有一些时候，你可以在没有完全完成前一个步骤的情况下就进入下一个步骤。例如，第 4 步（理解自己的模式，继续尝试完成未完成事件）会需要很长的时间，因此你完全可以（并且我也建议你）在进行第 4 步的同时，进入第 5 步和第 6 步。这也可能意味着你最终会同时进行几个步骤。

八步计划

第 1 步：承认自己正在遭受情感虐待，并承认自己因此而受到的伤害

这一步至关重要。如果你想停止自己一直以来经历的情感虐待，你必须非常清楚地认识到你正在遭受情感虐待的事实。如果你仍然对此感到困惑，请参考第 2 章，重新阅读对于不同类型情感虐待的描述。你需要非常确信自己正在遭受情感虐待，否则你的伴侣很可能会说服你，让你怀疑自己感知到的现实，甚至反过来怪罪你咎由自取。

即使你已经确信自己遭受了虐待，你仍可能会有一段时间再次怀疑自己的判断，或者认为自己受到的虐待其实不是什么大事。因此，承认伴侣的行为对你造成了多大的伤害也同样重要。最好的办法之一就是把它写下来。把事情白纸黑字地写下来，可以让事情感觉更加真实，未来也更难以否认。

练习：你的虐待日记

1. 首先，写下你能想起来的所有情感虐待事件。无论需要花多少时间，请详细写下所有细节，包括伴侣使用了哪些虐待手段，以及这给你带来的感受。如果曾经发生过很多虐待，或者如果你和伴侣已经相处了很长时间，那么完成这个练习可能需要相当长的时间。但你用来书写自己经历的每一个小时，都是疗愈发生的时间。你需要直面自己的经历，你需要允许自己感受所有被压抑的情绪。当然，你不可能每一件事都记得，尤其如果你的伴侣有虐待型人格，那么其所有的行为和态度可能都是具

有虐待性的。但是，请你尝试去回忆那些主要的事件，以及你因为这些事件而产生的感受。

书写的过程无疑会给你带来巨大的痛苦和愤怒，你可能还没写完就忍不住想停下来。如果发生这种情况，请你提醒自己，你可能在过去很长时间里一直都在否认受虐的经历，而这些感受是你不再否认真相的必经过程。你越是允许自己去感受与虐待有关的所有情绪，你就越能走出否认，也就越能从伴侣对你造成的伤害中康复。

2. 回顾你写下的内容，特别关注每件事带给你的感受。在这些感受的引领下，写下所有这些虐待对你造成的伤害（例如，损害了我的自尊心，导致我怀疑自己的看法，让我觉得自己很蠢）。

3. 如果可能的话，与治疗师、互助小组成员或密友分享你写下的内容。这个过程可以帮助你进一步走出否认。一旦你与别人分享了发生在你身上的事情，你就很难再假装它从未发生过了，并且，你也值得拥有身边亲近之人的支持和共情。

如果你负担不起心理治疗，没有参加支持小组，也没有让你感觉可以信赖的密友，那么也许你可以在专门讨论情感虐待的聊天室中分享一部分你的故事。

如果你的伴侣在和你一起阅读本书，且他们愿意承认自己的虐待行为，那么也许你可以放心地与他们分享你的日记。虽然这对你的伴侣来说会很痛苦，但他们可能需要看到你的日记，才能更彻底地走出否认，并第一次真正感受到对你的共情。

如果你还没有和伴侣谈论过情感虐待的话题，那么我建议你先请他们阅读本书，然后再给他们看你写的日记。阅读本书会让你的伴侣对你的日记有所准备。否则，他们可能会大吃一惊，并否认你的日记中写下的任何真相。你的伴侣可能会指责你胡编乱造或精神错乱，甚至可能会对你进行身体上的攻击。

如果你的伴侣拒绝与你一起阅读本书，并且坚决否认虐待过你，那么与他们分享你写的日记并不是一个好主意。他们可能会以某种方式利用你写的内容来对付你，或者因此产生暴力行为。在这种情况下，分享日记并不明智，因为它会暴露你的脆弱。为什么要给施虐的伴侣提供更多伤害你的把柄呢？当然，阅读日记也可能会让你的伴侣感到震惊，并促使他们开始面对自身行为的真相，但在你决定冒这个险之前，请务必仔细考虑清楚。

4. 继续记录伴侣每一次对你进行（或试图进行）情感虐待的事件。你可以写下每一件事，或者列出以下类别，并在每次事件发生时在对应处打钩：

☐ 我的伴侣对我进行冷暴力。

☐ 我的伴侣通过拒绝给予关爱来惩罚我。

☐ 我的伴侣嘲笑或侮辱我。

☐ 我的伴侣在别人面前取笑我。

☐ 我的伴侣辱骂我。

☐ 我的伴侣对我大喊大叫。

☐ 我的伴侣阻止我与朋友或家人交往。

☐ 我的伴侣威胁要离开我，除非我按他或她说的做。

☐ 我的伴侣威胁要伤害我（或我的孩子或宠物），除非我按他或她说的做。

☐ 我的伴侣指责我做了我并没有做过的事情。

☐ 我的伴侣朝我扔东西。

□ 我的伴侣损坏或毁掉了我的东西或家里的东西。

除了记录每一个事件，确保你也写下你对每个事件的反应，以及你现在对自己和对这段关系的感觉。如果你的伴侣试图迷惑你，让你怀疑自己的看法，届时这些书写会帮助你保持思路清晰。例如：

"当贾斯汀（Justin）像那样对我大喊大叫的时候，我感到非常害怕。我不知道他下一步会做什么，会不会失控动手打我甚至痛揍我。我知道我应该离开，但某种程度上，我甚至不敢那么做，因为如果我真的离开了，我不知道他会做出什么事情来。"

"阿曼达（Amanda）总是告诉我不要做某些事情。起初，我觉得她一定是对的，是我有很多问题，是我不知道该怎么在亲密关系中好好表现。但现在我开始明白，我并不总是错的，阿曼达才是在亲密关系上有问题的人。她总是要表现得像个家长或者掌控者。我真的厌倦了被她支配的感觉。"

"我最近注意到，当我和马特（Matt）在一起的时候，我最后总是会对自己的感受和看法产生困惑。我会表达对新闻中某个事件的观点，然后他会说：'这真的是你的想法吗？还是只是你听别人这么说的？'有时我告诉他我想做某件事情，比如去看某部电影或去某个博物馆，他会说，'我以为你不喜欢那种电影。'或者'上次我们去那个博物馆的时候，你根本就不喜欢。'有很长一段时间，我怀疑自己是不是真的总是自相矛盾，认为他或许比我更了解我自己。但现在我开始意识到，他总是通过质疑我来让我感到困惑。这是他维持掌控的方式。"

记录这种日志可以帮助你走出否认，并且避免再次陷入否认。也许你尚未做好离开这段关系的准备，但至少你将不得不诚实地面对自己所处的这段关系。

第 2 步：理解自己选择施虐伴侣的（可能是无意识的）动机可能为何

现在你应该已经将自己的过去和当下联系起来了。在阅读了第 4 章并完成了其中的练习之后，你现在知道了自己的原始施虐者是谁，你应该也意识到了自己为何以及如何选择了一个与之相似的伴侣。强迫性重复是一种十分强大的动机，很大程度上可以解释你为什么会选择你的伴侣。但除此之外，也存在其他原因。

如果你小时候受到过任何形式的虐待或忽视，或成长于一个酗酒或功能极度失调的家庭中，那么你今天依然背负着童年留下的情感伤痕。你所遭受的虐待、抛弃、剥夺或忽视损害了你的自尊，导致你低估自己的能力和可取之处。你很可能饱受羞耻感的折磨，让你觉得自己不如别人、不值得甚至不会被爱。它还可能导致你在人际关系中难以与人建立亲近和亲密的联系。由于这些后遗症，你可能会觉得自己的恋爱选择有限，你只能和那些选择了你的伴侣交往，而无法成为那个选择伴侣的人。换句话说，你可能会觉得你只能接受你所能得到的。

如果你小时候曾受到过情感、身体或性虐待，那么在你成年后，你可能会很容易成为施虐伴侣的目标。经历过童年虐待的人一般都承受着巨大的羞耻感和低自尊，觉得没有人会想要自己。当有人真的关注他们时，他们会感激涕零，而他们的感激和脆弱可能会蒙蔽他们的双眼，让他们忽视任何与虐待、控制或支配、占有欲有关的明显迹象。

低自尊的人通常会与那些镜映他们内心自我形象的伴侣交

往。例如，如果你的父亲经常贬低你，说你会永远一事无成，那么你可能会在成长过程中持续怀疑自己的能力。或者，如果你的母亲没有时间陪你，经常拒绝你，那么你可能会对自己感觉非常糟糕，觉得自己不值得被爱。因此，如果出现一个伴侣看待你的方式和你父母一样，或者镜映出了你内心认为自己不值得被爱的自我形象，你可能会发现与这个人相处让你感觉非常舒适。正如一位来访者向我描述的那样："我一见到她就觉得和她相处很舒服。我感觉她就是那个'对'的人。"之所以感觉这么"对"，是因为熟悉，他的新伴侣非常像他的母亲，并且最终她对待他的方式也真的变得和他母亲一样。

练习：你选择施虐伴侣的理由

列出你选择施虐伴侣的理由。由于你的低自尊，你可能会觉得自己根本没有选择，你只是让自己被选择，并接受你所能得到的。如果是这种情况，那么请将低自尊列为原因之一。记得写下强迫性重复，因为它肯定是一个因素。你需要列出至少三个原因，否则你的清单就不算完整。记住，这些原因对你来说很可能是你意识不到的，这意味着，选择了这样的伴侣并不是你的错。

第 3 步：理解自己为何会一直忍受虐待

虽然这个计划中的每一步都很困难，但很多人都觉得这一步是最困难的。因为这一步要求我们以全然和彻底的诚实面对自我，而这种诚实可能会令人极度痛苦。虽然你们之中的很多人可能还没有意识到自己受到了情感虐待，但毫无疑问，你们肯定知道自己受到了不好的对待。没有人愿意思考自己为什么会允许别人虐待自己。承认自己允许别人以如此糟糕的方式对待自己，会令人感到难堪和羞耻，而在意识到自己遭受了情感虐待之后仍选择留在关系中，承认这一点则更会让人感到加倍的耻辱。但事实是，你确实允许了自己成为受害者，你确实允许了别人以不可接受的方式对待你。你们之中的一些人可能只允许了短暂的虐待的发生，但阅读本书的大部分人可能都允许虐待发生了长达数月甚至数年的时间。

如果没有受虐方的允许，情感虐待是无法持续的。那么，为什么会有这么多人允许伴侣对自己进行情感虐待呢？你需要再次从你的过去中寻找答案。童年时遭受过情感虐待的人往往无法想象亲密关系还存在另一种完全不同的可能性。他们从父母对待他们的方式，以及他们观察到的父母对待彼此的方式中，学会了自己在亲密关系中的表现。

过往遭受情感虐待的经历也会让人难以反抗施虐者。当被指责自私、不为他人着想、懒惰甚至疯狂的时候，那些在童年受过虐待的人往往不会为自己辩护，而是会想："也许他说的是真的。我很自私。我妈妈以前也总是说我只考虑自己。"更糟糕的是，由于不断受到父母的责备，这些受害者早已习惯了为关系中的一切问题承担过错。

通常情况下，情感施虐者会把自己的问题怪到伴侣身上，而不是自己承担责任，这会导致伴侣怀疑自己的认知，甚至到了无法认清现实的程度。（过往的情感虐待史可能已经导致伴侣对自己的认知产生了怀疑）。

许多人因为害怕孤独而留在虐待关系中。这可能是人们忍受伴侣的虐待行为最常见的原因。无论他们是否意识到了这一点，很多人都是因为这种恐惧而留在虐待关系中。对一些人来说，孤身一人是如此难受、如此可怕，以至于他们几乎可以为了避免孤独而忍受一切。那些小时候曾被独自抛下的人，常常会觉得独处是一种惩罚，或者是自己不被爱的证明。对于那些童年时曾被严重忽视的人来说尤其如此。那些在婴幼儿时期哭泣得不到父母回应，只能独自哭着入睡的人，往往一旦想到要孤身一人就会陷入恐慌。

那些在孤独中度过了绝大部分人生的人，往往不愿意结束关系，即便这段关系已经充满虐待。正如我的来访者妮基（Nicki）与我分享的那样：

> 我的父亲在我三岁时就离开了我和母亲，所以我的母亲不得不每天工作来养活我们，而我只能和保姆待在一起。晚上母亲接我回家后，我们只来得及匆匆吃点东西就上床睡觉了。我总是感到很孤独，像个孤儿一样。我没有兄弟姐妹，我们身边也没有亲人。我一辈子都梦想着有一天能有自己的家庭。二十多岁时，我独自一人在大城市里生活，和一个又一个男人约会。直到 31 岁那年，我遇到了我的丈夫并坠入爱河，我才终于体会到不再孤独的滋味。我终于拥有了梦寐以求的家庭。尽管它显然并不完美[理查德（Richard）在我们结婚后不久就开始抱怨和指责我]，但是知道我并不孤单、他一直在我身边，这感觉实在太美好了。他确实一直都陪在我身边。当理查德愿意的时候，他可以给予我非常多的支持。我们一起经历了很多困难的时期，比如我女儿海瑟的出生。我们花了几年时间才成功怀孕，而且我不得不通过剖腹产的方式分娩。一想到要离开他，要重新开始，要在我生命的这个阶段再次孤身一人，我就感到十分崩溃。我不知道我能不能做得到。无论他让我对自己感觉多么糟糕，都比孤独的感觉好。

有些人之所以努力避免独自一人，是因为孤独会让他们失去认同感（一种知道自己是谁的感觉），或引发可怕的内心混乱或空虚感。这可能可以解释为什么许多虐待受害者会疯狂地并且通常很冲动地逃避独处，甚至不惜一切代价。例如，那些有边缘型倾向的人（我们稍后会讨论这种现象），由于没有形成强烈的自我意识，所以他们的所思所想所为完全依赖于外界线索。当他们独处时，他们可能会觉得"我什么都不是"，并常常会感到恐慌、极度无聊，甚至出现解离。

如果这听起来很像你，请务必阅读第 10 章和第 11 章。

还有一些人实际上认为自己理应承受他人糟糕的对待。尽管这种情况十分常见，但大多数人可能并没有意识到，正是这种想法促使他们留在虐待关系中。遭受过童年虐待和忽视的幸存者，在成年后往往会将关系中发生的一切都归咎于自己。这种错误的自责（misdirected blame）起源于他们的童年，因为被忽视或虐待的孩子几乎总是会将父母的问题行为归咎于自己。孩子总是倾向于将自己的父母看作是完美无缺的。一旦孩子面对父母忽视或虐待自己的真相，她就会对父母产生愤怒，感到与他们的疏远与分离，并要面对自己的孤独感。反之，将父母的行为归咎于自己，并说服自己"如果我不做这样那样的事，他就不会对我发那么大的火"或者"她不爱我，因为我是个坏孩子"则容易得多。

在情感健康的环境中长大的孩子，能够发展出所谓的**客体恒常性**（object constancy），这意味着他们认为父母既有好的一面，也有坏的一面——"我妈妈有时很好，有时也很凶"。随着客体恒常性的发展，这些孩子会意识到他们与父母是分离的——"当我妈妈生气的时候，这可能和我并没有关系"。这些孩子长大成人后，不会因为父母的问题或不当对待而责怪自己，也不会因为其他任何人的问题或不当对待而责怪自己。但是，那些受到情感虐待或忽视的孩子很少会发展出客体恒常性，也从未真正与父母分离。

他们往往会继续把父母的问题和不当行为以及身边人的问题和不当行为都归咎于自己。如果伴侣虐待他们，他们会责怪自己。毕竟，在他们看来，自己是坏人，活该被如此对待。

还有一些人因为有很深的无价值感、缺陷感和低人一等的感受，所以认为别人对自己不好是应该的。例如，那些在孩童时期遭受过性虐待或在成年早期遭遇过强奸的人，常常会感觉自己像残缺品，他们常常将虐待归咎于自己——"如果我听父母的话，就不会发生这种事""如果我没有参加那个聚会……""如果我没有穿那条短裙……"。那些多次遭受过性虐待的人尤其容易责怪自己——"为什么这种事总是发生在我身上？某种程度上一定是我自找的"。这种自责，以及随之而来的深深的羞耻感，会让那些遭受过性虐待的人觉得自己不如别人、不值得被爱，并且认为自己活该受到一切糟糕的对待。如果你在童年或青少年时期曾遭受过性虐待，请参阅我的书《终将自由：治愈童年性虐待的羞耻》（*Freedom at Last: Healing the Shame of Childhood Sexual Abuse*）。

练习：你为什么会留下

情感虐待的受害者之所以会继续留在无法容忍，甚至充满危险的关系中，还有很多其他原因。在下文中，我列举了最常见的一些原因。看看哪些原因符合你的情况，如果都不符合，那么请把你的原因补充进来。

- 我的伴侣告诉我这是我的错，而我相信了她。
- 我害怕自己确实像他说的那样不讨人喜爱（没有吸引力、愚蠢、令人生厌），没有人会想要我。
- 我害怕再也没有人会像她那样爱我。

- 我害怕我自己一个人无法生活（经济上或情感上）。
- 我害怕我的愤怒，害怕自己可能会实施暴力（相比于成为施暴者，还是成为受害者更好一点）。
- 我不想丢下他一个人。
- 我害怕如果我试图离开，他不知会做出什么。他曾威胁要毁了我的名声。他甚至威胁过要杀了我。
- 我不想把孩子们从他身边带走。
- 他威胁要把孩子们从我身边抢走，我知道他真的会这么做的。

容易受到虐待的人格特质

有些特定的人格特质和特征会使人容易成为情感虐待的受害者。例如，那些怀疑自己的人，他们怀疑自己的智商、观点和看法，这样的人往往会被那些看起来对自己极度确信的人所吸引。自信的人可能会反感那些自以为什么都懂的人，而自我怀疑的人却会觉得与这样的人相处很舒服，甚至可能会选择他作为伴侣。对他们来说，相比于面对自己的不确定性，依赖伴侣的确定性要容易得多，也舒服得多。不幸的是，那些自以为是的人往往认为自己最清楚什么对伴侣最好，并认为自己有权要求伴侣按自己说的做。从"懂王"到"暴君"往往只有一步之遥。

下面列举了一些可能导致一个人容易受到情感虐待的人格特质。请在符合你的每一项旁边打钩。

- ☐ 非常渴望避免冲突。
- ☐ 习惯于美化事情，把事情想象得比实际好。
- ☐ 总觉得自己对他人负有责任。
- ☐ 习惯将人际关系中的问题归咎于自己。

☐ 害怕孤独。

☐ 总是怀疑自己，包括怀疑自己的感知。

☐ 总是为他人的行为找借口。

☐ 容易轻信他人。

☐ 相信只要给予足够的爱、耐心和理解，就能改变别人。

☐ 总是通过幻想、酒精、药物或解离等方式来应对困难。

一旦你理解了自己为何会忍受虐待，你就可以开始原谅自己，并将自己从过去的束缚中解脱出来。

第 4 步：理解自己的模式，继续尝试完成未完成 事件

为了打破与施虐者交往的模式，首先你必须识别出自己的模式。例如，当你回顾以前的亲密关系时，你是否发现你的许多伴侣都有着非常相似的脾气、性格，甚至生理特征？如果你很难看出这些相似之处，那下面的练习可能会有帮助：

练习：你容易被什么类型的人吸引？

1. 在一张纸上，画两条平行线，将页面分成三列。

2. 在第一列中，写下你当前伴侣的行为和性格特征。如不太聪明、懒惰、才华横溢、安静、依赖他人、吵闹、忠诚等。

3. 在第二列中，写下你前任伴侣的行为和特征。

4. 在第三列中，写下你再上一任伴侣的行为和特征。

看看你的这三份清单，留意这三位伴侣之间的相似之处。圈出那些似乎重复出现的词语。注意，虽然你可能用了不同的

词语来描述这些人，但他们的基本性格可能是相似的。例如，你可能描述一位伴侣充满领袖魅力，另一位伴侣充满人格魅力，但你描述的实际上是同一种性格类型。

大多数人会发现，自己的历任伴侣之间有着惊人的相似之处。虽然面孔和身材可能不同，但性格却始终如一。如果你发现确实如此，那你也就发现了自身模式的关键所在。你选择了行为和性格特征相似的伴侣，这并不是巧合。你这样做很有可能是为了完成你与原始施虐者之间的未完成事件。

5. 现在，将你的清单与你在第4章"找到你的原始施虐者"练习中所列的清单进行比较。你是否发现你的伴侣都具有与你的原始施虐者相似的人格特质？同样，在分析时要灵活，这其中显然会有一些差异，但注意你可能会用略有不同的方式描述相同的行为或性格特征。

6. 如果你找不到历任伴侣以及你的原始施虐者之间有任何相似之处，或者如果你找不到你的原始施虐者是谁，那么请完成这部分练习。拿出另一张纸，在纸的中央画一条竖线。在第一列中描述你的父亲，在第二列中描述你的母亲。现在，将这页纸与你列出最近三任伴侣特征的那页纸进行比较。你的伴侣很可能在某些特征上与你父母一方或双方有显著相似之处。倘若如此，那么你父母一方或双方很可能就是你的原始施虐者，无论你是否愿意这样看待他们。

有时，在完成这项练习之后，人们会意识到自己有意没有选择与父母一方或双方相似的伴侣，而是选择了与父母完全相反的伴侣。这往往更加有力地表明，他们父母中的一方或双方就是他们的原始施虐者。

现在你已经发现了自身模式的起源，为了打破这一模式，你必须完成你的未完成事件。请参考第 5 章，回顾相关内容。这部分的所有任务都需要付出时间、决心和勇气。这些任务将是一个持续的过程，你可以在完成后续提到的其他任务的同时，继续进行这些任务。

获得支持

完成你的未完成事件需要努力和决心，并且最好有治疗师或有过类似经历的互助小组成员的支持和指导。如果你还没有寻求专业治疗师的帮助或加入受害者互助团体，我建议你这样做。你将需要一切你可以得到的支持和指导，在一些情况下，你所需要的指导可能会超出本书所能提供的范围。

第 5 步：就虐待行为与伴侣对质

你很可能已经花了很多时间试图去理解伴侣的行为，向伴侣解释你为什么不高兴，或者试图搞清楚这段关系出了什么问题，却发现这些方法都不能有效地阻止虐待继续发生。你们中的一些人可能还发现，试图与伴侣讲道理或者仅仅抱怨他们的行为都并不奏效。你必须开始以一种新的方式，一种会对他们产生影响的方式，来回应他们不恰当或不可容忍的行为。

你已经列出了伴侣情感虐待你的方式，你应该也已经写下了这些行为对你的影响。现在是时候与你的伴侣分享这些信息了。我称之为"对质"，但这并不一定要是带有敌意或者对抗性质的。你可以选择任何方式来进行对质，包括在哪里，以及如何进行对质。如果你做不到当面对质，你也可以写下伴侣虐待你的方式以及这对你造成的伤害，然后交给对方阅读。但请你知道，与伴侣当面对质的行为可以赋予你更多力量，当伴侣再次试图虐待你的时候，这种力量可以帮助你反抗对方。

当面与伴侣对质

下面的策略会帮助你以一种新的、更有效的方式来应对伴侣的虐待行为。在你与伴侣对质之前，有一点很重要，那就是施虐者几乎不会承认自己的虐待行为。相反，你的伴侣很可能会否认自己做错了任何事，指责你撒谎，或者你的伴侣即使承认了任何错误，也会把自己的行为怪到你头上。这可能会导致你再一次开始怀疑自己。如果出现这种情况，请回看你写下的伴侣虐待你的方式，从而回到真相和现实中来。

我建议你在尝试对伴侣使用这些策略之前，先与朋友或咨询师进行练习或角色扮演，尤其如果你在受到虐待时容易不知所措、害怕或者说不出话。如果你没有能陪你练习的人，你可以在面前放一把空椅子，想象你的伴侣就坐在椅子上。这会帮助你克服一些面对伴侣时的恐惧，让你对自己想说的话更有信心。以下建议可以帮助你进一步为对质做好准备：

- 在你与伴侣交谈或把你写的东西交给对方之前，请向伴侣说明你分享的目的是为了挽救这段关系。你们中的有些人可能还需要补充说明，除非伴侣开始做出一些重大改变，否则你将不得不结束这段关系。（注意：不要假装威胁对方。如果你不是真心的，那就不要说。）
- 让你的伴侣先听你说完，然后再回应你。如果对方不同意这样做，或者违反约定打断你说话，这可能会导致你们的谈话以争吵告终，造成非常负面的影响。
- 一定要清晰而坚定地说话。抬头挺胸，直视对方的眼睛。

■ 无论你是站着还是坐着，都请你确保自己的双脚稳稳地踩在地面上。

■ 在开始对质之前先做一次深呼吸，确保自己处于当下。

当面对质有两种方法：（1）你可以和伴侣坐下来，谈一谈对方用不恰当或不尊重的方式对待你的事实；（2）或者你可以在伴侣下一次虐待你的时候，指出对方的行为或态度。你选择以何种方式去与你的伴侣当面对质，与你们的关系状况有很大关系。如果你和你的伴侣在很多时候感情仍然很好，在大多数问题上还能沟通，那么第一种方法，即一场严肃的讨论，可能是最好的选择。尤其如果你过去还没有与你的伴侣当面对质过，那么这种方法会格外有效。如果你曾经与伴侣对质过，但对方不理睬你，或者坚持认为你太小题大做，那么你可能需要尝试第二种方法，在伴侣实施虐待行为的时候与对方对质。对于那些关系已经变得疏远、不再交流的伴侣而言，这也是最合适的方法。

如果你正处于一段刚开始不久的关系中，并且已经开始发现情感或言语虐待的迹象，那么与伴侣进行一场严肃的讨论可能是最好的方法。许多人根本没有意识到自己的行为是虐待。如果你的伴侣还很年轻，或者几乎没有长期亲密关系的经验，那他们可能只是在重复父母一方或双方的行为，而没有意识到这种行为对你的影响。即使一个人以前有过恋爱经历，其前任伴侣也可能只是一味默默忍受着虐待，或者将问题归咎于自己，而从未意识到自己受到了虐待。

选择第一种方法还是第二种方法，可能还取决于你的伴侣是一个有虐待行为的人，还是一个天生具有虐待型人格的人。如果你的伴侣只是有一些不良行为，那么第一种方法可能可以很好地帮助对方意识到自己的行为对你的影响。但如果你的伴侣有虐待型人格，那么第二种方法会更有效，因为跟他们讲道理不太可能会有用。

方法1：严肃讨论

告诉你的伴侣，你有重要的事情要和他谈，并希望约定一个时间来进行谈话。你需要确保选择的时间对你们双方都合适，并且不会被孩子、电视或电话分心。谈话时最好把手机和其他所有干扰源都关掉。如果你的伴侣因此而感到好奇或焦虑，想要立即进行谈话，那么在满足对方要求之前，请你先确保自己的心态没问题。如果你还没有准备好谈话，那么你只需要向伴侣保证，虽然这个讨论很重要，但可以等到更合适的时间再进行。如果你觉得自己根本无法与对方交谈，那就给对方写一封信。

我建议你首先告诉你的伴侣，他对待你或和你说话的一些方式一直让你很不开心。如果这是你第一次谈及此事，请让伴侣知道你很在乎他，但他对待你的方式影响了你对他的感觉，你担心这会可能会破坏你们的关系。如果你以前曾尝试过与对方谈论此事，那就提醒对方这一点，告诉对方你还没有看到任何改变，而这是你无法接受的。

如果你感到伴侣对你的表达持较开放的态度，你可以告诉对方你很感激他愿意为你们的关系付出努力，并询问对方是否需要你举些例子来说明你所指的行为。此时，你不需要把这种行为定义为情感或言语虐待。即使你不指责对方虐待，对你的伴侣来说，倾听你举的这些例子也已经很难了。如果对方开始找借口或表现得有所防御，也不必惊讶，这是可以理解的。但不要让这场谈话演变成争吵。如果对方开始指责你胡编乱造、胡思乱想，或者试图制造子虚乌有的问题，你可以这么说："我说的就是你现在的这种行为。你在否定我的经历，并且指责我。请你停下来。"如果对方生气并开始实施言语虐待，你可以说："你正在进行言语虐待。请你停下来。"

告诉你的伴侣，从现在开始，当他的行为冒犯到你时你会告诉他，并且你希望他能配合，对这些提醒保持开放态度，从而开始改变自己的行为。

方法 2：即时对质

如果你选择在伴侣下次发生虐待行为时与之对质，你可以参考以下建议：

- **为自己发声。** 下一次当你的伴侣说出具有虐待性质的话，或者以情感虐待的方式对待你时，请立即对他们说："我不希望你这样对我说话（或这样对待我）。这是虐待（或者这没有顾及我的感受，或者这是不尊重我）。我不应该被这样对待。"

  这无疑会引起对方的注意。对方可能会对你的反应感到惊讶，甚至一时无言以对。但你要做好对方可能会争辩、找借口甚至发火的准备。对方可能会否认自己的行为，声称他们是被你逼的，或说是因为你的行为才导致他们这样对待你。那我们就需要进行下一步了。

- **无须争辩，只需坚守自己的立场。** 如果你的伴侣为了给自己辩护而找借口或者指责你，不要陷入争吵。坚持你的立场，重复你之前的原话："我不希望你这样对我说话（或这样对待我）。这是虐待，我不应该被这样对待。"

- **做好对方会沉默的准备。** 当你质问伴侣的行为时，有些人不会争辩，而是会完全无视你，这本身就是对你的不尊重和虐待。本质上，他们在对你说："你对我来说根本无足轻重，不值得我倾听或回应你。"不要让他们得逞。如果他们对你使用冷暴力，你可以说："无视我和对我使用冷暴力，这也是情感虐待（或不恰当的、不可接受的或不尊重

的），我不喜欢这样。我应该被倾听，我说的话应该得到
尊重。"

■ **如果对方想要更多信息，就提供给他们。** 如果你的伴侣对
你的话表现出真实的意外，并诚恳地表示希望了解更多信
息，那就提供给对方。你可以解释说，通过阅读这本书，
你发现对方的行为对你造成了情感虐待。如果对方真心表
示感兴趣，那就把这本书给对方看。

时间会证明你的对质是否对你的伴侣产生了影响。通常情况
下，这种对质会让施虐的伴侣认识到自己行为的不当之处，明白
自己的行为不仅伤害了伴侣，也对二人的关系产生了负面影响。
当人们意识到这些问题时，有时就会有所改变。即使是那些清楚
自己的行为属于虐待的人，当他们发现伴侣已经认识到虐待的发
生，并坚定地表示不会再容忍这样的行为时，有时也会停止施虐
行为。

也有可能你的伴侣一直在试探你，就是想看看你能容忍到什
么程度。正如我前面提到过的，有些伴侣可能会因为你对虐待行
为的默许而失去对你的尊重。当你为自己发声，让对方明白你不
会容忍这种行为时，你不仅可能阻止虐待的发生，还可能重获伴
侣的尊重。

另一方面，有些人会故意寻找可以被他们支配和控制的伴侣，
或可以发泄愤怒的替罪羊。如果你的新伴侣属于这类人，你的对
质会让对方意识到你不是他们要找的那类伴侣，对方可能会选择
离开。若是如此，分开对你也是更好的选择。

无论本次对质是否有效，也无论你之后继续与伴侣当面对质
的尝试是否有效，你的努力都不会白费。通过持续与伴侣当面对
质，你会在自己内心强化"我不应该被这样对待"的信念。而这
反过来会为你赋能，增加自尊，让你离结束这段关系更近一步。

未来，你会知道自己有能力在情感虐待发生时及时识别，并做出恰当的反应。

与虐待你的伴侣对质可能无法改变他们对你的行为和态度，但这么做仍然很重要。你的对质与其说是为了他们，不如说是为了你自己。直面伴侣就是直面你的恐惧——你对于被责备、被指责、被情感上打击、被羞辱、被拒绝甚至被抛弃的恐惧。但所有这些风险都是值得的，因为通过与伴侣对质，你是在为自己表明立场，你在声明自己应得的尊重。这不仅会增强你的自尊，也会坚定你获得所有人尊重的决心。

如果你感觉自己无法使用这三种策略（写信、严肃讨论或即时对质）中的任何一种与伴侣对质，那么这是一个巨大的危险信号。简单来说，如果你无法与伴侣对质，感觉这样做太危险，或者感觉自己不够强大，那么你可能就不应该考虑和伴侣继续在一起。

这并不是说如果你不能与伴侣对质，就是你的问题。无法与伴侣对质可能说明你意识到这样做行不通，要么是因为你以前有过尝试，知道对方几乎从不愿意看到自己的缺点或不足，要么是因为你不敢尝试，害怕会引发灾难性的后果（例如，你害怕对方会勃然大怒或威胁你，比如威胁要带走孩子）。

你应该期待得到伴侣的道歉吗？

大多数受害者都需要伴侣对施虐的承认和道歉（关于施虐方应该如何做到这一点，请参阅下一章）。不过，如果你发现伴侣有了真正的改变，也可能会觉得没必要让他们向你承认他们的虐待行为了。这取决于你自己。对有些人来说，观察到伴侣真的在努力停止虐待行为就足够了。特别是当他们非常了解伴侣的性格，知道对方过于骄傲而难以承认错误时。

注意：即使你很想这样做，也请避免一再提醒伴侣他们曾经对你进行情感虐待的事实，更不要故意让他们感到自己像个怪物。给对方一些时间，让他们可以最终自己承认虐待行为。

第 6 步：关注你因受到虐待而产生的感受

有时，情感虐待是如此微妙，让人措手不及。它可能是一个特定的眼神、一种特殊的语气，或者甚至是一个别有深意的停顿。密切关注你和伴侣在一起时的感受，这将提醒你对方的虐待行为何时开始出现端倪，帮助你在他们变本加厉之前及时制止。

留意你胃部的感受，留意胃部何时开始发紧或出现下沉的感受。留意你的任何情绪变化。例如，如果你原本感觉轻松愉快，却突然变得沮丧或焦虑，请试着回忆一下你的伴侣刚才对你说了什么，或者是否给了你某个特别的眼神。你可能在不知不觉中受到了贬低，也可能是你的伴侣在用居高临下的态度对待你。如果你原本感觉自信和自在，却突然变得不安和言辞谨慎，可能也是同样的情况。

第 7 步：设定并捍卫自己的边界，夺回属于自己的权力

没有人会将权力交到你的手中，你必须自己争取。阅读本书的大多数人，由于儿时被忽视或虐待的经历，都遭受过权力的剥夺。这导致他们要么持续将权力让渡给他人，要么发展出一种虚假的凌驾于他人之上的权力感，来作为权力缺失的补偿。如果你正在遭受情感虐待，这意味着你已经把自己的权力交给伴侣了。而现在是时候夺回你的权力了。

通过承认自己受到了情感虐待，并与伴侣就他们的虐待行为进行对质，你已经开始夺回自己的权力了。现在，你需要更进一

步，说服自己你不应该受到虐待。你必须开始认识到，没有人有权支配你，也没有人有权规定你应该如何思考、感受或行动。你是一个成年人，你与其他所有成年人都是平等的，包括你的伴侣。你的伴侣不是完美的存在，也不是你的上级，因此他们无权指责你或评判你。

练习：正确看待问题

列出你伴侣的错误、缺点、性格缺陷和不足。这并不是要评判你的伴侣，也不是 12 步戒酒法（译者注：匿名戒酒会发布的成瘾康复计划）中所说的"对一个人进行道德审视"，而是为了让你如实地看见伴侣真实的样子，从而开始认识到对方并不比你优越。他们和其他任何人一样都有问题和不足，因此他们无权评判别人，也无权告诉别人应该如何生活。

设置边界和底线

夺回自己权力最好的方法之一，就是设定并执行自己的边界。许多读者可能已经很熟悉边界的概念了；而对于那些不熟悉的读者，下文会简单介绍一下边界的确切含义，以及如何设置边界。

边界将我们与他人隔开。边界有物理边界和情感边界之分。你的皮肤就是一种物理边界，因为你的皮肤形成了一道有形的屏障，将你与其他所有生物和非生物分隔开来。我们的身体周围也有一个无形的边界，通常被称为我们的**舒适区**。我们的舒适区会依不同情境而变化。例如，相比起一个陌生人的靠近，朋友的靠近毫无疑问会让你感到舒适得多。虽然大多数人对于伴侣近距离挨着自己（站或坐）都感到舒适，但是被伴侣虐待的人可能更希望伴侣与自己保持一些距离。

情感边界通常表现为一种限制。对于他人如何在情感上对待我们，我们都有自己感到适当和安全的底线。有一些事情我可能觉得还好，但是会让你不舒服。但除非你告诉我你不舒服，否则我永远都不会知道，并且我会继续用让你不舒服的方式对待你。这对我们双方都没有好处。如果你允许别人在情感上虐待你，那么这意味着你没有尊重和保护自己的边界，你们关系的恶化也有你的责任。保护自己，为你和你的伴侣设定必要的边界，这反过来也会保护你们的关系。

情感虐待本质上是一种对边界的侵犯。当某人越过他人设定的物理或情感边界时，边界侵犯就发生了。所有的人际关系，即使是我们最亲密的关系，都有适当的边界。当有人越过恰当与不恰当之间的界线时，无论他是否有意，这个人都侵犯了我们的边界。

边界侵犯可能是偶然的，也可能是故意的。一个人侵犯你的边界，可能是出于无知、恶意、特权感，甚至有时出于善意。但无论是以何种方式或出于何种原因，边界侵犯都是有害的。

我们大多数人在开始一段关系时，会觉得自己有一些特定的底线，即可以容忍或不能容忍伴侣的哪些行为。但随着关系的发展，我们往往会将自己的边界后移，容忍越来越多的侵犯，或者默许一些我们原本反对的事情。虽然这种情况也会发生在健康的关系中，但在虐待关系中，个体会开始容忍不可接受的甚至是虐待性质的行为，然后说服自己这些行为是正常的、可接受的，并且当伴侣告诉他们活该被如此对待时，也信以为真。

练习：建立你的边界

为了设置边界，你需要知道自己的边界是什么。只有你自己能决定你在关系中愿意接受什么、不愿意接受什么。下面的句子完成练习会帮助你了解自己的底线，并建立（或重新建立）自己的边界。

- 花些时间想一想，你不愿意再容忍伴侣的哪些行为。参考第 2 章，提醒自己遭遇过哪些不同类型的情感虐待。
- 记住这些行为，完成下面的句子：我不会再允许我的伴侣_____。

将上面这句话补充完整，直到将所有你能想到的有虐待性质的、不恰当或不尊重的行为都包括在内。

例子：
我不会再允许我的伴侣取笑我、挖苦我或以任何方式在言语上虐待我。
我不会再允许我的伴侣让我怀疑自己的现实感知。

与伴侣沟通你的底线和边界

你的伴侣需要知道你的底线和边界。否则，你会继续放弃自己的权力和控制，而这本质上就是在允许他们对你施加虐待。为了建立你的边界，你需要清楚地说明你愿意和不愿意接受伴侣的哪些行为。例如：

- "我不会再接受你对我隐私的侵犯。也就是说，我不希望你偷听我的电话，拆我的信，或者翻我的抽屉。"
- "我不会再接受你批评我、纠正我。我不是小孩，也不希望被当成小孩对待。"

设定你的边界还包括声明你打算如何改变你在这段关系中的行为或反应方式。例如：

- "关于我去哪里或买什么，我不会再征求你的同意。我已经是成年人了，可以自己做出这些选择。"

你不需要解释或说明自己为什么不再允许伴侣以某种方式对待你，或者为什么要改变你的行为。这就是你的边界，仅此而已。

请注意：并非所有阅读本书的读者在当下都能感到自己足够强大，可以像上面的例子一样坚决地设定自己的边界。这没关系。你只要尽可能清晰地说明你的边界就可以了。

如果你害怕说出自己的边界，这就是一个巨大的警示信号，表明你可能正处在一段危险的关系中。这可能预示着你的伴侣不可能会改变，而你需要集中精力让自己变得强大到可以结束这段关系。

做好准备，对方可能会有各种不同的反应。如果你的伴侣只是有一些不好的行为习惯，那他们可能会非常愿意尊重你的底线。虽然他们一开始可能会试图与你争论，向你解释为什么他们的行为是合理的，或者表现出不理解的样子；但随着时间的推移，你可能会看到他们在努力尊重你的意愿。他们可能会时不时再次做出那些冒犯的行为，但总的来说，你会发现一些改变。

另一种可能是，你的伴侣会表现得充满敌意，他们可能会对你说的话很生气，并且可能会告诉你他们想说什么就说什么、想做什么就做什么。他们可能会无视你，仿佛这只是个笑话，或者说你是个控制欲太强的疯子，对你大喊大叫。

如果你的伴侣是控制狂，那么他们会因为你的明确主张而感受到极大的威胁，因为他们会意识到自己正在失去对你的控制。他们可能会试图破坏你的努力，否认他们曾经那样对待过你，并暗示你疯了。他们可能会告诉你你根本不知道自己在说什么，或反过来抱怨你。

同时，做好伴侣可能会试探你的准备，对方很可能想看看你会不会变卦。不要让对方说服你放弃边界，或者质疑你坚持边界的理由，更不要让对方操纵你，让你为设置边界而感到愧疚。你越是坚持不变、毫不退缩，就越能让对方明白你是言出必行的。

第8步：继续为自己发声

在你表明了自己的边界之后，你需要确保这些边界不会继续受到侵犯。为此，每一次侵犯发生时，你都必须向你的伴侣指出来。当然，这会非常困难。这需要你时刻关注你们关系中发生的一切，并对任何虐待的迹象立即做出反应。你可能会害怕激怒伴侣或引发争吵。你可能会因为不想破坏一个完美的夜晚而忍不住想放任不管。但是，为了让自己的边界得到尊重，你必须保持始终如一，并当即指出每一次的侵犯行为。否则，你的伴侣会将你的沉默当作是对他继续这种行为的默许。

你也需要以直接但非指责的方式表达你的不满。没有必要辱骂对方，避免使用"你总是"和"你从不"等词语，比如"你总是在你妈妈面前取笑我"或"你从不倾听我的观点"。请你用第一人称（I statements）来表达你的不满，比如："我已经要求你不要再取笑我了，但你又在这样做。请你停下来。"或者："我希望你能倾听我的观点，而不是像这样对我不耐烦。"

通常，最明确、最有效的信息就是简单地说："停下！"这种坚定的回应会让你的伴侣知道你不会容忍任何虐待的行为。

不要退缩，也不要为指出这个问题而道歉。没有必要争论你所说的话。如果你的伴侣为自己辩护，请你倾听他们要说的话，然后说："你有权坚持自己的观点，但我也要坚持我说的话。我不喜欢被这样对待。"

如果你告诉伴侣他们侵犯了你的边界，而对方立即为此道歉并向你保证不会再犯，那么这种边界侵犯就可以在当下得到治愈。不幸的是，这种情况并不常见。你的伴侣很可能会变得充满防御，表现出被侮辱的样子，或者否认自己侵犯了你的边界。但是，请不要让对方的反应成为阻碍，阻止你继续指出他们对你的侵犯行为。虽然对方可能会在当下否认侵犯行为，但他们可能会在仔细考虑之后，意识到自己的所作所为，并更加努力地尊重你的边界。此外，你也需要练习站出来维护自己，坚持自己的底线。随着时间的推移，你可能会惊讶地发现你们两个人身上都发生了一些微小或不那么微小的变化。

此外，如果你的伴侣继续做出侵犯的行为，那么你就需要再次指出来。如果你保持沉默或退缩，那么你与对方对质时的话语将变得毫无意义。你的伴侣会觉得你之前只是在胡说八道，觉得他们不需要认真地对待你。

有时，你需要用行动来支持你的言辞。这并不是说每次你的伴侣做了冒犯你的事情，或者每次他们出现虐待倾向，你都要威胁结束这段关系。如果你已经决定了要努力改善你们的关系，你就不能把这当作攻击的武器，不要威胁做一些你其实不愿意或做不到的事情。威胁伴侣说如果对方不做出改变你就离开，这可能是一种情感勒索，而且除非你真的愿意执行这一威胁，否则这也会削弱你的言辞和立场。设置底线不等同于威胁。当你用"如果你……，那么我就会……"这样的话来威胁对方时，你其实是在操纵对方。而当你用"我不会接受……"或"我不希望你……"这样的话来设置底线时，你只是在陈述事实。

记住你是有选择的

夺回自己权力很重要的一步，就是要意识到你是有选择的。如果你已经告诉你的伴侣，你不能接受他继续在他母亲面前取笑你，而对方却继续这样做，那么你可以选择不再和他一起去他母亲家。如果当你试图表达自己的观点时，你的伴侣继续表现得十分不屑，那么你可以站起来离开房间。如果你坚定地说"停下"，但仍不能阻止你的伴侣对你进行言语或情感上的虐待，那么你随时都可以离开，无论你们是在家里、在餐厅还是在朋友家。

随身携带足够的钱，以便在你需要离开那些令你不适的场合时可以打车。保存好朋友和家人的电话号码，以防你的伴侣将你半路抛下。提前做好计划，确保你在需要离家时有地方可去。所有这些步骤都会让你获得一种对自己的生活的掌控感，并增强你再也不要受到虐待的决心。

具体建议和策略

以下是一些针对特定形式的情感虐待的建议和策略：

- **煤气灯式情感操纵：** 由于你已经开始怀疑自己的理智、智力或感知，所以你必须努力了解自己和信任自己。没有人比你更了解你自己。虽然有时你可能会对自己的感受和动机感到困惑，但只有你才是活在你自己身体里的人，也只有你能真正理解你自己。没有人有权试图读懂你的心思或确定你的"真实"动机是什么。只要你仍然认为你的伴侣比你更优越，或者他们比你更了解你自己，他们就永远有控制你的权力。
- **指责：** 大多数施虐者并没有意识到自己有多么严苛。他们可能是在重复父母总是指责他人的模式，甚至可能是在重复自己小时候受到过的指责。因此，有些人通过在伴侣每次指责自己时都说"哎哟！(Ouch!)"，成功地制止了伴侣的指责。还有一些人告诉严苛的伴侣，他们一天只允许对方指责自己一次，或者一通电话中只允许对方指责自己一次，具体视他们的情况而定。

- **打着"教导"旗号的指责：**当你与伴侣就他们的行为进行对质，而他们却找借口说"我只是实话实说"或者"我只是想帮你"的时候，你要告诉他们，他们不需要为你的人生负责，你是一个成年人，完全有能力照顾好自己。

推荐电影

《与敌共眠》（*Sleeping with the Enemy*，1991），精妙地刻画了情感虐待关系。

第 8 章

施害者的行动步骤

"受到父母虐待的孩子不会停止爱父母，而是会停止爱自己。"

——沙希达·阿拉比（Shahida Arabi）

"由于无法按照自己的意愿行事，我们往往会退而求其次，努力阻止他人称心如意。"

——谢尔顿·科普（Sheldon Kopp）

在第 4 章中，我们探讨了你对伴侣实施情感虐待的一些原因。在本章中，我们将更仔细地分析促使你做出虐待行为的因素，并探讨帮助你彻底停止虐待的方法。我会提供一些替代性的方式，以帮助你应对那些导致你做出虐待行为的情绪，如恐惧、愤怒、痛苦和羞耻。对于那些只是偶尔出现虐待行为的人，我会提供一些策略，帮助你意识到虐待发生的诱因。对于那些已经形成了较为泛化的情感虐待态度和行为模式的人，我会提供一些信息，帮助你找到自身施虐模式的核心，从而开始逐步消除这种模式。

不论你属于何种情况，重要的是你要知道自己拥有改变的力量。我知道这点，因为我做到了。这并不容易。我用尽了自己全部的力量和意志力。这也要求我必须愿意对自己保持完全的诚实，愿意退后一步，更客观地观察自己。

正如我鼓励那些有施虐倾向的人阅读上一章一样，我也鼓励那些正在遭受虐待的人阅读本章。通过进一步了解伴侣施虐的原因，你将更有能力为他们提供所需的支持，帮助他们停止虐待，并且你也更容易将伴侣视为一个受伤的人，而非一个怪物。这并不是说你有责任帮助伴侣改变，你的伴侣是唯一可以对自己做出承诺并采取必需行动的人。这同样不意味着你应该接受伴侣以过去为由继续对你进行虐待。受害方过于同情施虐方，确实会带来风险，所以也请你在提供支持时注意这种风险。

下面这个七步计划，在我与许多有虐待行为的来访者的工作中都被证明有效。在本章末尾，我还针对特定类型的虐待行为提供了相应的策略。

- 第 1 步：承认自己有情感虐待倾向，并承认自己造成的伤害。
- 第 2 步：理解自己为什么会施虐。
- 第 3 步：理解你的模式，并开始完成你的未完成事件。
- 第 4 步：向伴侣承认你一直在进行情感虐待。
- 第 5 步：向伴侣道歉，并学习共情伴侣和其他人。
- 第 6 步：学习识别愤怒、痛苦和压力的方式，练习释放这些感受。
- 第 7 步：识别你的错误信念。

按该计划的顺序进行很重要，因为每一个步骤都会帮助你为下一步做好准备。第 3 步（即理解你的模式，并开始完成你的未完成事件）会是一个持续的过程，所以这一步是个例外，不需要先完成这一步再进行下一步。

七步计划

第 1 步：承认自己有情感虐待倾向，并承认自己造成的伤害

这个步骤并不容易。没有人愿意承认自己一直在情感上虐待别人。也没有人愿意承认，自己的情感虐待行为影响了伴侣以及

自己与伴侣的关系。更没有人愿意承认自己的行为实际上伤害了自己所爱的人。然而，如果你无法向自己承认这些事实，你就无法拯救你们的关系，更关键的是，你也无法拯救你自己。

不过，我们并不指望你在没有任何帮助的情况下做到这一点。在本章中，我将为你提供一些知识和方法，帮助你更容易地认识并承认自己的虐待行为。我之所以能为你提供这些知识和方法，一方面是因为我曾与其他有施虐倾向的个体一起工作过，另一方面是因为我也曾经和你一样。

即使你内心深处明白这是事实——自己在进行情感虐待，但向自己承认这一点可能仍会让你感到无比愧疚和羞耻，以至于你会发现自己一再地推开真相，不断地回到否认之中。而如果你能理解愧疚和羞耻的情绪，全然地接受真相也许会容易很多。

羞耻，治愈的第一缕曙光

羞耻可能是在提示我们，我们未能成为自己本应成为的人，因此，它可能是治愈的第一缕曙光。正如著名作家刘易斯·斯梅德斯（Lewis B. Smedes, 1993）在《羞耻与恩典》（*Shame and Grace*）一书中所说："如果我们觉得自己是有缺陷的人，那可能是因为我们确实如此。"

羞耻感会让我们在自己身上看到那些我们以前没有意识到的部分，以及那些我们一直不愿意承认的部分。因此，羞耻感可以帮助我们深入地了解自己。

羞耻分为两种，健康的羞耻和不健康的羞耻。健康的羞耻会提醒我们没有成为我们本该成为的人，也没有成为我们想要成为的人。我们还能感受到羞耻，是因为我们足够健康，会为自己的不足而感到不安。那些因为自己的天性不够高尚而感到羞耻的人，应该为自己还有能力感受羞耻而庆幸。

不健康的羞耻（或虚假的羞耻）与健康的羞耻的不同之处在于它并没有现实依据。它是虚假的，它并不是我们出了问题的信号，而是过去令人羞耻的经历残留的痕迹。刘易斯·斯梅德斯是这样解释不健康的羞耻的："这是一种我们不该有的羞耻，因为我们实际上并不像我们感觉的那样糟糕。"

大多数施虐者都不愿意听到自己的行为伤害了自己所爱之人。事实上，他们不只是不愿意听到，还可能觉得自己如果听到这些会承受不了。他们可能已经筑起了一道防御墙，试图以此来抵御羞耻，以至于他们根本听不进去任何负面的话语，哪怕这些话语是出于善意的。对于那些在童年或青少年时期曾被深深羞辱过的人来说，这种感受尤其明显。

得知自己的虐待倾向并非易事，而听闻自己对伴侣造成了伤害更是不易。然而，如果你想挽救你的关系，或者确保自己不会虐待未来的伴侣，你就必须倾听。倾听你的伴侣意味着真正听到对方的心声。你的伴侣过去可能试图向你表达过，但你可能并没有当回事，你会说是对方胡编乱造或夸大其词，或者你可能会反过来把矛头转向对方。现在，你需要承认伴侣所说的是事实，并真正倾听对方的痛苦。请不要取笑对方，讽刺对方是"可怜的受害者"，也不要做出翻白眼的举动。

曾经有过情感虐待的行为，并不意味着你就是一个彻底失败的伴侣或一个彻底失败的人。这也不会抹杀你对伴侣和其他人说过的所有善意的话语、做过的所有善行。它意味着，你的行为伤害了你的伴侣（可能也伤害了其他人），而你要为此负责。能够对自己的所作所为体验到健康的愧疚和羞耻是件好事，因为它会提醒你需要在哪些方面做出改变，在未来需要付出哪些努力。但如果你放任自己被羞耻击溃，开始觉得自己一无是处、完全失败、毫无价值，这不仅会将你拖入低谷，还会让你彻底失去改变的动力。

接下来，理解自己如何以及为什么会发展出施虐倾向，也可以帮助你承认自己的情感虐待行为。下面这个步骤会帮助你做到这一点。

第 2 步：理解自己为什么会施虐

在第 4 章中你已经了解到，那些有过被忽视、被抛弃或被虐待经历的人往往会模仿父母的行为，要么成为受害者，要么成为施虐者。这无疑有助于你更深入地理解自己，但如果你想彻底明白自己为何会虐待他人，那么，你还需要了解更多关于施虐者的心理和行为。到目前为止，我们主要关注的是情感虐待对儿童的影响，以及他们如何将这种伤害延续到成年后的关系中。但是，性虐待和身体虐待也同样会使一个人发展出情感虐待倾向。

情感虐待与性虐待之间的联系

丹尼尔（Daniel）是一个所谓的"暴脾气"，他经常受到一点刺激就怒火中烧，开始大喊大叫。他最常发火的对象就是他的妻子。

"我对自己这样发火感觉很糟糕，但不知怎么的，我就是控制不住自己。她只是说了句什么或者做了点什么，我就会突然失控。她是个很好的女人，绝不应该被这样对待。我很惊讶她能和我在一起这么久。"

这是丹尼尔在刚开始接受我的治疗时告诉我的。他最近回忆起了童年时遭受性虐待的经历，由于这些回忆的浮现，他不断开始出现闪回和难以抑制的自我毁灭的冲动，于是他前来寻求治疗，以应对这些感受。原来，丹尼尔在几年的时间里遭受了来自他的叔叔和祖父的强奸。尽管丹尼尔无疑对叔叔和祖父感到愤怒，但他对母亲更加愤怒，因为他强烈地感觉到，母亲明知这些事情的发生，却没有试图阻止。他记得有一次，母亲走进了房间，亲眼撞见了叔叔的恶行。他也记得叔叔后来又这样做了很多次，而且经常是在母亲在家的时候。

起初，丹尼尔对母亲的行为感到困惑和迷茫。"我的亲生母亲怎么能拒绝帮助我？她为什么不阻止？她到底是个什么样的母亲？"他一遍又一遍地苦苦思索着。但很快他的困惑就变成了愤怒。"我恨她。只要我活着，就再也不想见到她。她最好为此庆幸，因为如果我见到她，我可能会杀了她！"

这种情况很常见，相比于对犯罪者的愤怒，性虐待受害者对所谓的"沉默的同伙"要更加愤怒，包括母亲、父亲或其他在孩子被虐待时没有进行干预的成年人。

男性性虐待幸存者常常会将对母亲的愤怒发泄到女性伴侣身上。不久后，丹尼尔就意识到，这正是他多年来一直在对妻子做的事情。"我把所有的愤怒都发泄在了妻子身上。我恨我的母亲，所以我恨所有的女人。"

情感虐待与身体虐待之间的联系

杰瑞德（Jared）大部分的童年时光，都在父亲的身体虐待之下度过。即使到了青少年时期，他完全可以打得过父亲了，他也仍然对父亲恐惧至极。"他就是有这种控制我的力量。我没有办法反抗他，我也为此而痛恨自己。我唯一能摆脱他控制的办法就是离开家，16 岁那年我就这么做了。我离开了家，从此再也没和他说过话。"

不幸的是，要摆脱虐待对杰瑞德心理造成的伤害并不容易。多年来，他一直都在言语虐待他的妻子。他是这样向我解释的。

"每当我对某个人感到生气，尤其是对另一个男人感到生气时，我都不敢直接向他们表达。所以我会默默地生气，直到回到家，把气撒在我妻子身上，因为对她生气是安全的。真相是，我是个懦夫。我不敢反抗成年男人，就像我不敢反抗我的父亲一样。我恨我自己的懦弱，所以我也恨我的妻子。我会在心里想：她有什么毛病？她怎么会和我这样的人在一起？"

情感虐待与受辱经历之间的联系

受到过霸凌的孩子，以及经常受到父母或其他养育者羞辱的孩子，往往会背负着巨大的羞耻感。这种羞耻感可以被一句话、一个手势甚至一个眼神点燃。例如，如果你的妻子在你与人交谈时翻白眼，你可能会想起小时候父亲经常在别人面前贬低你。你可能会突然觉得自己毫无价值、一无是处。这种经历通常被称为"羞耻爆发"（shame attack）。之后的几个小时里，你可能都会感受到这种耻辱和羞耻的可怕感觉。当晚，在远离他人视线的地方，你可能会故意对妻子说些什么或做些什么，以报复她之前翻白眼羞辱你的行为。不幸的是，你对妻子的虐待行为可能要比一个简单的白眼杀伤力大十倍，而她和这或许都不明白这是怎么回事。

对攻击者的认同

另一个导致你变得有虐待倾向的主要原因，是一种叫作"对攻击者的认同"（identifying with the aggressor）的现象。这是一种防御机制，个体通过内化攻击者的特征，或模仿其攻击行为，而进入攻击者（或施虐者）的角色。这种情况常见于心理创伤所引发的一个令人绝望的困境：要么成为受害者，要么成为施虐者。在充满暴力的家庭中长大的孩子经常会出现这种情况。目睹了家庭暴力的孩子往往会觉得自己必须做出选择：是像父亲那样，暴力但强大且掌控一切；还是像母亲那样，成为一个无力自卫的、无助的受害者？这两种选择都很糟，但在孩子的心目中，只有这两种活着的方式。虽然他们的选择肯定是无意识的，但这个选择可能会决定他们以后的人生。

成为施虐者的人的特征

同样重要的是，施虐者往往具有某些导致他们容易成为施虐者的特征。这些特征包括：

- 强烈的控制欲。
- 倾向于将自己的问题怪罪于人。
- 难以或无法共情他人。
- 强烈的嫉妒心和占有欲。
- 情感上过度依赖他人。
- 排斥或憎恨软弱。

你能从这些描述中看到你自己吗？如果你诚实地面对自己，你很可能会意识到自己拥有以上大部分，甚至所有特征。不过，你无须为此自我谴责，让自己陷入无法承受的羞耻，你需要做的是开始认识到这些特征都是你问题的表现，是你可以去处理的症状。让我们来仔细地看看每一个特征。

- **强烈的控制欲**。为什么你需要掌控一切？这很有可能是因为在你生命中的大部分时间里，你都感到非常失控。遭受情感、身体或性虐待的儿童，对于发生在自己身上的一切无能为力。他们被人指使、贬低、指责和羞辱。他们的情感和物理边界一再受到侵犯。无论所经历的虐待类型为何，几乎所有幸存者都会出现一种普遍的反应模式。他们会采取极端的自我控制和支配，以此来补偿自己在童年所感受到的失控感。有些人会有意识地想"我再也不会让任何人控制我了",但这种决定通常是无意识的。许多人会故意选择自己可以控制的伴侣;另一些人则不知不觉地被那些允许他们在关系中占据主导的人所吸引。

■ **倾向于将自己的问题怪罪于人。**许多经历过童年虐待的人,尤其是男性,为了应对这种经历,会使用我上文提到的"对攻击者的认同"这种方式来否认虐待。当一个年幼的孩子拒绝承认自己受到了伤害,反而为施虐者的行为辩护或淡化其行为时,他成年后可能会发展成与施虐者相似的人,重复同样的虐待行为。

一旦他开始出现虐待倾向,否认现实对他而言就变得更有利了。如果他承认自己的行为,以及自己的行为对他人造成的破坏性影响,他就打开了回忆和承认自己所受伤害的大门,而这实在是让人感觉太痛苦了。因此,他将责任归咎于受害者,从而逃避承认自己的虐待行为以及相应的责任。

施虐者倾向于责怪他人的另一个原因是,无论在什么情况下,他们都倾向于将自己视为受害者。这种受害者心态导致他们的认知出现错误。无论他们对别人造成了多少伤害,他们似乎都只能看到自己所受到的伤害。

施虐者倾向于将自己的行为怪罪于人还有另外一个原因,是一种被称为"投射"的心理防御机制。这种防御机制的运作方式是,为了避免面对我们不喜欢的自身特质,我们会把这种特质投射到别人身上。例如,你非常在意你儿子的懒惰。他似乎只会躺着看电视。你总是盯着他的懒惰行为不放,为此而贬低他,取笑他,拒绝给他零花钱。虽然你的儿子可能确实很懒,但他很可能是一面镜子,照出了你自己的行为。真相是,你经常在本该工作的时候在办公室里看视频。尽管你看到妻子为了照顾孩子有多么疲惫不堪，你却很少帮忙打理家务。

■ **难以或无法共情他人。** 童年时遭受过忽视或虐待的人往往无法对他人产生共情，或难以换位思考，部分原因在于他们仍停留在受害者的角色中，且他们的感知能力受到了损伤。尤其是那些在童年时遭受忽视的人，往往会因为缺乏共情而对他人做出残忍的、攻击性的行为。他们无法从情感上理解自己的行为对他人造成的影响，当他们做出伤人的事或说出伤人的话时，他们既无法理解也难以体会到他人的感受。事实上，经历过童年忽视的人成年后，常常会感觉到一种发怒并伤害他人的冲动，尤其面对那些在他们看来比自己弱小的人。这种攻击行为最令人不安的一点是，它往往伴随着一种漠然的、冷酷的共情缺失。在面对自己的攻击或残忍行为时，他们可能会在理智上表现出后悔，但不会在情感上感受到悔恨。

　　共情是一种可以习得的技能。在健康的、功能正常的家庭中长大的孩子通常会从父母那里学习如何共情，无论是公开地学习，还是通过观察父母之间的互动来学习。而那些经历了忽视、抛弃或虐待的孩子，往往来自不健康的、功能失调的家庭，在这样的家庭中缺乏正面的榜样让孩子学习共情，父母也不会花时间教孩子如何共情他人，甚至不会告诉他们这种同理心的重要性。

■ **强烈的嫉妒心和占有欲。** 这种倾向的根源在于不安全感和低自尊。唯一合理的解释是，如果你儿时经历了忽视、抛弃或虐待，那么你往往会缺乏安全感。孩子需要充分的滋养、接纳和稳定感，才能获得对自我和环境的安全感。当他们得不到这些时，就会试图从他人，尤其是从伴侣那里获得安全感。而当这种安全感被真实或想象中的情况所威胁时，他们就会执着地试图紧紧抓住伴侣。

- **情感上过度依赖他人。** 这一特征也是由不安全感和低自尊造成的。当一个孩子的情感需求没有得到满足时，他就会一直渴望得到照顾、接纳和积极反馈——那些他未曾从父母那里得到的东西。当孩子长大成人，进入亲密关系时，所有这些未被满足的需要就会重新浮现出来。我们希望伴侣能给予我们童年未曾获得的东西，当他们无法或不愿意这么做时，我们就会变得愤怒、受伤和苛求。尽管期待伴侣弥补我们童年的缺失是不合理的，但我们仍会抱有这样的期待，而这种期待会导致关系中的严重冲突。伴侣会感觉自己被迫承受了满足我们需求的压力，而即使是那些想要尝试满足我们的伴侣，在意识到我们的需求永无止境时，也会逐渐变得反感。随着时间的推移，我们会变得愈加愤怒和苛刻，直到我们的期待化为虐待。

  在我们用自己不合理的要求和期待对伴侣施加情感虐待的同时，我们也会觉得自己受到了伤害。因为我们认为伴侣有责任弥补我们童年的缺失，所以当他们做不到时，我们便会感觉受到了欺骗，感觉自己不被爱。

  遗憾的是，无论我们的伴侣做什么都不足以弥补我们的童年缺失。伴侣再多的保证、再多的牺牲，都无法填补我们内心的空虚。我们需要开始自己填补这种空虚。我们必须开始自己满足自己未被满足的需要。

- **排斥或憎恨软弱。** 这种倾向与对攻击者的认同有关，是否认的一种形式。尤其是男性，当他们受到伤害时，他们总是很难承认，这主要是因为男性从小就被教育要坚强。当男性受到伤害时，尤其是当他受到身体虐待或性虐待时，他很可能会感到非常羞耻，因为他认为自己本应该能够保护自己，阻止虐待的发生。为了应对这种羞耻感，他可能会陷入否认状态，拒绝承认自己是受害者。他甚至会把自己受到伤害的原因归咎于自己，以此来逃避面对真相。否则，他就会感到自己很软弱。当他看到别人表现得很软弱时，他内心就会升起一种特别的愤怒，因为这个人（无意识地）让他想到了自己。

除了这些特征以外，下面还列举了其他一些容易使人产生虐待倾向的人格特质：

- 较差的冲动控制能力；
- 低自尊；
- 对于被抛弃充满恐惧；
- 习惯压抑愤怒；
- 倾向于物化他人，以避免受到他人痛苦的影响；
- 高压力水平和高唤醒水平。

虐待行为的另一个原因：受到触发

虐待行为的发生，往往是因为你在当前环境中遇到了某些触发因素。触发因素是指任何你的大脑感觉将之与创伤事件联系起来的事物，如一个地点、一种语气、一个话题、一个电影场景。

许多触发因素都与人际关系有关，如感知到来自他人的拒绝、抛弃、指责、边界的侵犯、吼叫或粗暴对待。还有一些触发因素是非人际的因素，如某些声音、气味、味道。发现自己的触发因素极其关键，因为人们很容易在受到触发后出现情感虐待行为（例如对伴侣怒吼、将问题怪罪于伴侣、变得吹毛求疵、指责伴侣不忠等）。

练习：发现你的触发因素

- 首先创建一个触发因素清单，记录下通常会触发你的时间、情景和环境。
- 我列出了一些常见的触发因素，这些因素是许多经历过童年忽视或虐待的人常常会遇到的。
- 仔细阅读清单，在每一个容易触发你的因素旁边打钩。

施虐者的常见触发因素

- ☐ 感到被抛弃或被拒绝；
- ☐ 面对权威人物；
- ☐ 面对竞争；
- ☐ 感觉某人在对你说谎；
- ☐ 某人在你面前表现出优越感；
- ☐ 某人让你想到你的母亲；
- ☐ 某人让你想到你的父亲；
- ☐ 某人让你失望；
- ☐ 被嘲笑；
- ☐ 被指责做了你并没有做过的事情；
- ☐ 被无视；
- ☐ 感到孤独；
- ☐ 听到别人的哭声；
- ☐ 面对批评指责；
- ☐ 某人发火；
- ☐ 某人对你说话刻薄或出现言语虐待；
- ☐ 某人对你大喊大叫；
- ☐ 某人向你举起巴掌或拳头；

☐ 某人威胁要伤害你；

☐ 面对刻薄或不怀好意的眼神；

☐ 在电视上、电影里或者网上看到暴力场景。

了解自己的触发因素，可以帮助你更加理解自己和自己的反应。尤为重要的是，这可以帮助你理解自己为何会突然开始对他人进行情感虐待。

哈里森：如果我感觉很糟糕，那你也不能好过

施虐方之所以会对伴侣发火，往往是因为他自我感觉很糟糕。他这样做可能是为了消除对自己某些行为的羞耻感或负罪感，他几乎是在用行动表达："我对自己感觉很糟糕，所以你也不能好过。"这种情况常常出现在施虐者的伴侣性格开朗、人缘好或取得显著成就的时候。哈里森（Harrison）就是这种情况：

> 我的伴侣布拉德（Brad）是那种很开朗的人，而这让我很抓狂。当我工作不顺心回到家的时候，他却在屋子里到处叽叽喳喳，唱着歌，乐呵呵的。这真的让我很烦。我今天过得不顺心已经够糟了，回到家面对他欢快的样子，感觉就像他在戳我的痛处一样。我总是会对他发火，说一些难听的话，这当然总是会让他的情绪一落千丈，而这正是我想要的。但是他之后看起来一脸沮丧和困惑的样子，最终又会让我为自己的残忍而感到愧疚。不过，这似乎并不妨碍我下次继续这样做。

我给哈里森的建议是，下次他工作不顺心的时候，不要直接回家。相反，我建议他去散散步，或者去健身房打一场壁球，这

样他可以在回家之前发泄一下愤怒和沮丧的情绪。如果这招不管用，他还是心情不好，那么我建议他先给家里打个电话，提前告诉布拉德他心情不好。有了这个事先的提醒，布拉德就可以选择暂时离开家，或者离哈里森远一点。

这些策略似乎相当有效，但我也建议哈里森进行自我探索，看看自己为什么经常在一天结束时心情不好。我们谈了谈他工作中发生的事情，结果发现哈里森有一个控制欲很强、傲慢自大的老板，他为公司制定了高不可攀的目标，而当员工达不到他的目标时，他就会责怪员工。哈里森向我说明这些时脸气得通红，"我觉得他从来没有因为我做对了什么而肯定过我，只会在事情出错时指责我"。

这些话听起来非常熟悉。如果我没记错，哈里森在讲到他父亲时说过一模一样的话："他从来不会因为我做对事情而肯定我。他只会在我做错事的时候批评我。"哈里森最初开始寻求治疗，就是因为他想处理与父亲的关系，因为他的父亲在发现他是同性恋后彻底拒绝了他，这也成了他一生中父亲拒绝他的种种行为中的最后一次。

当我提醒哈里森他经常在提到父亲时用同样的表述时，他惊呆了。"天呐。我在为我父亲工作！"他惊呼道，难以置信地来回摇头："我以前怎么没发现呢？难怪我总是心情不好。"

通过我们的治疗以及哈里森从治疗中获得的领悟，他开始采取行动。几周后，他开始寻找新的工作。虽然他花了一些时间才找到合适的工作，但仅仅是意识到自己即将离开，就让他感受到了一些对自己生活真正的掌控感。尽管他仍然会有一些不顺心的日子，但得益于新的领悟，他能够与布拉德谈论自己的感受，而不是迁怒于对方。

■ 记录每一次情感虐待事件。

■ 问问自己："我的内心发生了什么,导致我做出这样的反应？"

例如，你可能会发现触发你愤怒的事件之一，是当事情看起来不公平或当你感到自己受到了不公正对待的时候。与其频繁为此而烦恼，不如尝试接受这个世界确实存在不公，并专注于培养自己应对不公的能力。

尤为重要的是，你要意识到触发因素揭示了你的脆弱之处，即你需要进一步自我疗愈的领域。触发因素为你指明了疗愈的方向。

第3步：理解你的模式，并开始完成你的未完成事件

在第 4 章中，我们讨论了我们是如何基于童年经历来形成人际关系模式的。如果你的母亲或父亲是冷漠疏离的，那么你可能容易被冷漠疏离的伴侣所吸引，或者你可能会走向另一个极端，被情感丰富甚至过度关心、令人窒息的伴侣所吸引。如果你父母一方或双方控制欲强且独断专行，那么你可能会变得像他们一样专横。无论你的模式为何，关键在于认识到它的本质，并开始接纳它。这意味着你能够清楚地看到自己的模式是如何以及因何形成的，它又是如何影响你，让你变得具有情感虐待倾向的。

父母一方或双方（或其他养育者）的忽视或虐待让你形成了虐待倾向，这个想法可能会让人有些抵触。具有讽刺意味的是，施虐者往往比受虐者更难承认自己曾经受到过忽视或虐待。就像之前提到的，许多施虐者之所以施虐，是因为他们认同了攻击者。虽然保护父母是人之常情，但如果以牺牲自己的疗愈和康复为代价，那么你实际上是在赋予父母更多的控制权。

了解自己的模式是一回事，改变它是另一回事。为了改变你的模式，你需要努力完成你的未完成事件。你可以从阅读第 5 章

"完成未完成事件"开始这一步骤。以下是对于"完成未完成事件"的简要回顾：

1. 承认你因为童年遭受忽视或虐待而感到愤怒、痛苦、恐惧和羞耻。你需要连接的第一种情绪是愤怒。虽然你可能很容易对当前的伴侣发怒，但是你对原始施虐者的愤怒可能埋藏在内心深处。幸运的是，你可以利用当前的愤怒来帮助你连接过去被压抑的愤怒。虽然你可能没有意识到自己的易怒与童年经历之间的联系，但是努力建立这种联系是至关重要的。每当你对伴侣生气时，问问自己，你的父母是否出现过类似的行为。例如，如果你因伴侣忙于照看孩子而没能停下来听你说话而生气，试着问问自己，这是否会让你想起母亲对你的需求的一再忽视。
2. 寻找安全且有建设性的方式来释放或表达你那些因童年虐待而产生的愤怒和痛苦（见第 5 章）。
3. 与施虐者对质（不一定要当面），说出你的愤怒和痛苦（见第 5 章和本章的内容）。
4. 寻找某种方式，解决你与原始施虐者的关系问题。

在此重申，关于如何解决你与原始施虐者之间的关系问题，请参见第 5 章。健康的、有建设性的愤怒可以帮助你放下过去，而指责则会把你困在过去。从指责转向寻求解决方案，这对很多人来说都很困难。例如，很多人坚持认为自己需要得到道歉，或者至少需要对方承认对自己的伤害，才能原谅。虽然道歉可以极大地治愈创伤，但在虐待或忽视来自父母的情况下，我们并不总能获得他们的直接道歉或承认。紧紧抓着愤怒和责怪不放，不仅会把你一直困在过去，还会让你对现在和未来所有的人际关系都充满敌意和不信任。

虽然不是每个人都能原谅童年时父母对自己的虐待，但许多康复者都认为，原谅是我们彻底放下过去、向前迈进的唯一途径。而第一步，就是允许自己承认并以建设性的方式释放愤怒。第一步是对伤害过你的人产生共情。例如，通过更多地了解你父母的成长背景，你可能会理解他们为什么会那样对待你。我们很多人都对塑造我们父母生活的各种因素和力量知之甚少。如果你也如此，那么我强烈建议你花些时间了解父母的过去。理解代际创伤的影响也会对你有所帮助。许多人在意识到自己也曾用类似的方式伤害过别人之后，开始对那些伤害过自己的人产生了共情，我本人也是如此。

之前讨论过的"强迫性重复"可能以一种有趣的方式呈现：我们重塑过去的尝试，可能在精神层面上有深远的意义。我们对结束与父母的关系有着如此强烈的渴望，以至于我们为此可以不惜一切代价。有时，只有承认父母对我们造成的伤害并释放我们的愤怒，我们才能实现和解；还有时，只有原谅他们，我们才能达到和解。多年来，我一直对母亲非常愤怒。我采取了多种方式表达愤怒，通常是直接向她发泄。我不断和她争吵，长时间地远离她，并在心理治疗中努力处理我的愤怒。但我始终未能实现内心的和解，无法原谅她并继续我的生活。我最终原谅她，是在我意识到自己变得多么像她的时候。当我发现我与她的相似之处时，这种领悟让我感受到了对于母亲的共情，这是一种我一直以来缺少的体验。这种共情带来了宽恕。尽管这听起来有些奇怪，但我相信，如果不是因为我自己也变成了施虐者，我可能永远也无法原谅我的母亲。

第 4 步：向伴侣承认你一直在进行情感虐待

向自己承认自己的情感虐待行为已经很难了，向伴侣承认则是难上加难。对于那些难以承认自己的错误的人来说更是如此。

如果你是一个很骄傲的人，难以承认错误，总是用虚张声势的方式来掩饰自己的弱点和脆弱，那么承认自己一直以来的虐待行为可能是你所面临的最大挑战。

你可能会问："对自己承认还不够吗？既然我已经在努力停止虐待行为，又何必告诉我的伴侣呢？他们会看到最终成果，这难道不是最重要的吗？"

向伴侣承认你一直以来的情感虐待行为有几个目的。首先，它可以帮助你进一步停止否认。面对自己一直在虐待他人的事实可能会引起极大的痛苦和羞耻感，以至于你可能会不断地试图淡化自己造成的伤害，或者说服自己不去直面它。而向伴侣承认这一事实后，你未来就很难再加以否认了。

承认一直以来的情感虐待行为，也是你对伴侣应尽的责任。你的伴侣可能已经受你的行为影响有一段时间了，但他们未必意识到了这是一种虐待。如果他们不知道自己遭受了情感虐待，他们有权知道。他们需要为自己所承受的痛苦正名，不再认为是自己疯了或认为一切都是自己的想象。他们需要了解真相，以便寻求帮助，治愈因虐待所受的伤害。即使他们已经意识到自己遭受了情感虐待，他们也需要你承认这一点，以确认他们的感受和认知。而且在很多情况下，他们可能需要你的确认，以便不再将关系中一切问题和你的虐待行为归咎于自己。

最后，向伴侣承认情感虐待，也是一种对自己行为负责的态度。不要含糊其辞，也不要轻描淡写。勇敢地承认自己的行为，并彻底承担责任，这对你的自尊和你的心灵都有益处。

你应该如何承认自己的虐待行为呢？我建议你尽可能直截了当地承认。不要拐弯抹角，也不要试图漫不经心地在谈话中带过这个话题。承认你一直以来的情感虐待行为，这对你和你的伴侣而言都是至关重要的一步，因此，请给予它应有的尊重和重视。

告诉你的伴侣你有重要的事情要说，或者约定一个不会被干扰的时间来进行谈话。如果可以的话，请直面你的伴侣，并直视对方的眼睛。如果这对你而言太过困难，你也可以选择写信。无论是当面表达还是写信告知，请确保涵盖以下内容：

- 明确地承认自己一直在进行情感虐待；
- 举例说明你的虐待行为或态度；
- 承认你的行为对伴侣造成的伤害；
- 表明你对自己的虐待行为或态度感到后悔和悔恨，并承诺做出改变。

注意不要为自己的行为找借口，也不要用任何方式责怪你的伴侣。请你彻底为自己的行为承担责任。你可以向伴侣解释你认为自己发展出虐待倾向的原因，但你仍然需要承认，能为你的行为和改变负责的，有且只有你自己。

相信我，我知道这很难。但毫无疑问，这是治愈你自己，以及治愈你们关系的至关重要的一步。这也是你能为伴侣做的最有爱、最无私的事情，可以极大地推动他们的康复之旅。

第5步：向伴侣道歉，并学习共情伴侣和其他人

在上一步中，你需要向伴侣承认自己有时会出现的虐待行为。接下来这一步则是要为这种行为道歉。为自己的虐待行为或态度向伴侣道歉，不仅可以给伴侣带来疗愈，也可以给你带来自我疗愈。

练习：发展共情能力

你必须先对伴侣产生共情，才能向对方做出有意义的道歉——一个真正能够促进你们双方疗愈的道歉。

1. 首先想象一下，当你以这种方式对待伴侣时，对方会有怎样的感受。你觉得对方会不会感到受伤、愤怒、害怕、羞愧、失望？
2. 现在想一想你的虐待行为会如何影响伴侣的自尊心。你是否理解自己的言行如何伤害了他们的自我认知？
3. 如果你曾经否认自己在某些行为上的责任，或者试图让伴侣质疑他们的认知，你能想象这会对他们造成怎样的影响吗？
4. 如果你一直试图控制或支配你的伴侣，你能理解他们会感觉多么被束缚吗？
5. 你能想象和你一起生活是一种怎样的感受吗？你是否能够想象你的伴侣有时会陷入多么深的绝望？你是否能够想象他们对你的憎恨，对于自己无法离开你的憎恨？

如果你发现自己很难设身处地站在伴侣的角度思考，请不要气馁，继续尝试。你越努力尝试，就会产生越多的同理心。以下建议可能会对你有所帮助：

- 请你的伴侣告诉你，你的行为对他们产生了怎样的影响，并认真倾听，无论这个过程有多困难。
- 假装你是你的伴侣，大声说出自己受到的影响。
- 以伴侣的视角书写你们当前的情况。

如何做出有意义的道歉

一个有意义的道歉，包括三个要素——悔恨（regret）、责任（responsibility）和补救（remedy），我称之为 3R。除非这三个要素都具备，否则你的伴侣就会感觉你的道歉中少了点什么，并感觉自己没有得到应得的对待。让我们来详细了解一下每一个要素：

- **悔恨**——对自己给对方造成的伤害和损失表示悔恨。这包括表达对对方的共情，承认自己给对方造成的伤害。

　　共情被你伤害或激怒的人，是道歉中最重要的部分。当你真正怀有共情的时候，对方是会感受到的。相反，如果缺乏共情，你的道歉在对方听来会很空洞。

- **责任**——对自己的行为负责。这意味着不把自己的行为归咎于他人，不为自己的行为找借口，而是为自己的行为以及行为的后果承担全部责任。

- **补救**——表明你愿意采取行动进行补救。你可以承诺不会再重复该行为、不再犯同样的错误，说明你打算如何改正（比如通过接受心理治疗的方式），或对你造成的损失进行补偿。

　　当你为虐待向伴侣道歉时，若未能附上如下承诺，可能会让对方感到被冒犯："这种事再也不会发生了，因为我现在意识到了我的行为是虐待。""我知道我的虐待倾向是从何而来的了，我也已经学会了用更有建设性的方式释放愤怒和压力。"或者："我会开始接受心理治疗，努力停止我的虐待行为。"

　　你可能已经成功地麻木了自己，或者成功地否认和屏蔽了自己对他人所做的一切，以避免感受到羞耻。你可能会反过来指责受害者，从而让关注点从你自己的错误上移开。你也可能持续否认，假装自己有权控制和虐待他人。但事实是，你没有这样做的权利。当你羞辱、控制、利用他人的时候，你不仅伤害了他人，而且伤害了自己。

　　努力让自己变得更脆弱吧，让别人走进你的内心。允许别人看到你的痛苦。你不需要一直坚强。你越是允许自己脆弱，就越不需要再假装自己总能掌控一切、假装自己总是很强大。你越是变得柔软，就越不需要再筑起那道防御墙，正是这道墙阻隔了你真正与他人联结，让你无法共情他人。

把共情想象成是一种技能或肌肉。你练习得越多，它就会变得越强大。

第6步：学习识别愤怒、痛苦和压力的方式，练习释放这些感受

你产生虐待行为的主要原因之一，是你不知道如何处理自己的愤怒、痛苦和压力。为了防止今后再出现虐待行为，你必须找到建设性的释放情绪的方式，学习健康的压力应对方式。

愤怒

或许你没有察觉，但你很可能仍然对小时候忽视过你或者在情感、身体或性方面虐待过你的父母或他人感到愤怒。由于你没有承认自己的愤怒，也没有学会以建设性的、恰当的方式来处理这种愤怒，所以它沉睡在你的内心深处。当你的伴侣或其他人的所作所为让你想起小时候的遭遇时，这种压抑的愤怒就会被触发。例如，如果你的伴侣决定做某事却没有事先和你讨论或征求你的意见，你可能会觉得对方没有顾及你的感受，或者感觉自己的生活被对方所控制，正如你孩童时期所感受到的。你甚至未必能意识到这是自己生气的原因。你只知道自己感觉被忽视或被控制，因此向伴侣大发雷霆。你会指责伴侣不在乎你、太过自私或者控制欲太强。你可能会用冷暴力来惩罚他们。或者，你可能会要求他们以后在做决定前必须先征求你的意见（于是你自己反而开始控制对方）。

区分健康的愤怒和不健康的愤怒

区分健康的愤怒和不健康的愤怒的方法之一，是确定你的愤怒是符合当时情境的，还是非理性或过度的反应。过度而非理性的愤怒有明显的弊端，包括：

- 通常会引发他人负面的反应。
- 通常会让你变得更沮丧，而不是缓解沮丧。
- 导致你对他人大发脾气，包括对你所爱的人。
- 可能会导致反社会的举动。
- 可能会导致你太过执着于别人的问题，满心愤怒而无法做任何其他的事情。
- 会导致更多的愤怒。

练习：掌控你的愤怒

能控制你的愤怒的只有你自己。首先，你需要成为了解自己愤怒反应的专家。你可以从回答以下问题开始：

1. 什么事情会让你感到紧张或焦躁？回想一下最近让你感到焦躁或愤怒的具体情境。你是否从中发现了任何规律？
2. 哪些情境容易引发你的愤怒反应？
3. 对于别人应该或不应该如何对待你，你有哪些信念和看法？
4. 你通常如何表达你的愤怒？
5. 用这种方式表达愤怒的得与失分别是什么？

练习：愤怒日记

开始写日志或日记，记录下每一个让你感到紧张、焦躁或愤怒的事件。尽可能尝试从中发现：

1. 你生气的原因；
2. 愤怒背后的感受；
3. 当前情境与你的过去之间的联系；
4. 导致愤怒的信念。

总结一下，大多数情况下，你的愤怒可能源自以下一个或多个原因：

- 你受到了触发；
- 你有不合理的期待；
- 你感到羞耻；
- 你在将自己的不足、弱点或错误投射到另一个人身上。

愤怒之下的痛苦

在你的愤怒、控制欲、苛责、对他人弱点的不耐烦和难以容忍之下，隐藏着巨大的痛苦。这是你小时候经历被忽视、抛弃、虐待、伤害或霸凌时所感受到的痛苦。为了停止虐待行为，你需要挖掘这种痛苦。

这可能比接触愤怒情绪还要困难。你很可能已经筑起了一堵墙，来保护自己免受这些脆弱情感的影响，而你需要建立安全感并付出努力，才能推倒这堵墙。

你之所以会如此反感那些软弱、害怕、脆弱或无能的人，是因为他们会让你想起你内心被自己否定和拒绝的那个部分。你在小时候感受到了软弱、害怕和脆弱，可是当时可能并没有人安抚你。你的父母可能太忙了，根本没有注意到你需要安抚，或许你尝试了寻求安慰，却被"你已经长大了，不能再让妈妈抱了"或者"大孩子不能哭，你得当个大人"之类的话拒绝。或许独自面对自己脆弱的情感实在是太可怕了，于是你筑起了一道防御墙，让自己躲在墙的后面。在外界看来，你可能表现得坚强而自信，但这只是掩盖你真实的脆弱情感的表象。你可能已经变得非常擅长假装坚强，假装自己不会受伤，甚至连自己都骗过了。不久你就忘记了真实的自己是什么样的。

　　只有在别人身上感受到这种柔软的情感时，你才会想起这些情感。但想起这些情感并不令人愉悦。它的感觉并不好，事实上，它可能会带来相当大的情绪痛苦（虽然往往是在无意识的层面上）。你可能会对唤起你这些情感的人感到愤怒。你恨自己有这种情感，也恨对方有这种情感。你看到真实的自己被映射出来，而你并不喜欢这样。

　　为了打破你围绕自己筑起的保护墙，你可能需要寻求专业人士的帮助，他们会为你提供一个安全的环境，让你可以回顾你的童年。

练习：缩回安全的壳

　　有一个非常好的方式，让你可以为自己提供必要的安全感，以允许自己更多地感受脆弱，那就是偶尔给自己放一天假，让自己"缩回安全的壳里"，睡懒觉、写日记、读小说、看电影。如果你不总是强迫自己故作坚强，那么你会更容易放下防御。有时，我们还需要为自己"推波助澜"一下，比如观看有关受虐儿童的悲情电影，提醒自己曾经的经历到底有多糟糕。我在本章末尾推荐了一些这方面的电影。

如果你很难允许自己为儿时那个被虐待或忽视的自己感到悲伤，那么我鼓励你寻求帮助。专业的心理治疗师会在一个安全的、支持性的环境中，帮你推倒那堵防御墙。

管理你的压力和唤醒水平

许多人之所以会在情感、言语或身体上虐待他人，是因为他们的情绪唤醒水平过高。为了降低你的唤醒水平，你需要学习一些放松技巧。我在本书末尾推荐了一些关于减压的书籍，不过你可以先从下面这些建议开始：

1. 将注意力聚焦在一个能让你放松的词语或画面上。例如，一次又一次地对自己说"平静"，想象一个能让你放松的场景（大海、高山）。
2. 转移注意力。
3. 参与创造性活动，尤其是需要动手的活动。
4. 学习并练习冥想或瑜伽。
5. 练习深呼吸。

尽管上文提到的释放愤怒和压力的方法策略都非常有用，但许多施虐者仍需要外界的帮助，以学习如何更有建设性地处理自己的愤怒。我强烈建议你参加愤怒管理课程，或者进行个人或团体心理治疗。

第 7 步：识别你的错误信念

下次你对伴侣发火的时候，问问自己以下问题。例如，如果伴侣和家人或朋友打电话聊天会让你生气，那么请你问问自己：

为什么这会让我生气？我生气是因为我觉得被忽视了吗？是因为我想得到伴侣全部的关注吗？听到她和朋友聊天时的笑声让你心烦意乱，是不是因为她和你在一起的时候，你从未听到她这样笑过？

然后，问问自己：在愤怒之下，我感受到了什么？我是否感到受伤、害怕、愧疚、羞耻？以前面的例子为例，也许你感到受伤，是因为她和你在一起的时候不会像那样笑。也许这让你感到害怕，是因为这让你觉得她和你在一起并不快乐，她会离开你。或者这让你感到愧疚，是因为你知道你让她很不好过，你意识到她和你在一起并不快乐。又或者你感到受伤，是因为她长时间和别人聊天，让你觉得自己对她来说并不重要。你和她在一起的时间并不多，你希望她能跟朋友说"晚点再聊"。

现在，问问自己：这是否让我回想起了过去？也许你生气是因为这让你想起了你的母亲，她曾经好几个小时在电话里或者在厨房桌子边和朋友聊天，而没有关注你。或者也可能并不完全对应。也许它只是让你想起了所有那些母亲没有陪你，而是忙于自己的事情的时候（比如，去酒吧、和你的继父在一起）。

最后，问问自己：什么信念导致了我的愤怒？你是否认为如果伴侣真的爱你，她就应该更愿意花时间和你在一起？这种思维方式是否会让你感觉自己不值得、不被接受，甚至感觉自己不被爱？

练习：建立联系

- 下次当你对当前的伴侣生气时，请你回想一个你的父母一方或双方（或其他重要养育者）以类似方式对待你的经历。

> ■ 当你回忆起这件事时，你有什么感受？是否感到愤怒、悲伤、羞愧、害怕？
>
> ■ 试着写下这件事情，以及你因此产生的感受。
>
> ■ 有意识地将伴侣当前的行为与你父母的行为区分开来。提醒自己，除了被伴侣当前的行为所困扰之外，你可能也受到过去回忆的触发。

针对特定类型虐待的建议和策略

控制/支配

对于那些需要控制或支配伴侣的人，我能给出的最好建议如下：你觉得你需要控制伴侣，是因为你觉得无法控制自己。你对自己的掌控越多，你对控制伴侣（和其他人）的需要就越少，所以，请你努力获得对自己生活的真正掌控。如果你正在做自己厌恶的工作，那么就制订计划去改变工作的状况。如果你有暴饮暴食或酗酒过量的问题，那么就寻找能帮助你控制这一问题的方法。你可能需要探索为什么自己要依赖食物或酒精来解决问题。

消极/指责

如果你倾向于消极地看待事物，只关注伴侣的错误、疏忽和不足，那么请你试试在每天晚上做这个练习。

练习：感恩的态度

1. 晚上睡觉前，请你想一想这一天发生的好事。如果你开始只关注不顺利的事情，那就把思绪拉回到顺利的事情上来。我的一位来访者与我分享说："这样做真的帮助我用不同的视角看事情。我一向只记得那些不顺利的事情，那些进展不如我意的事情。但当我让自己停下来，

> 对自己说'等等，肯定还是有一些好事'时，这提醒了
> 我其实很多事情也很顺利。"
>
> 2. 想出至少三件伴侣为你或你在乎的人（比如你的父母或
>   子女）做出的体贴、细心或周到的事情。
> 3. 现在，想出至少三个感激伴侣的理由。例如，"我很感
>   激她还和我在一起""我很感激他不再酗酒了""我很
>   感激她这么有耐心"。

不合理的期待

造成该类型虐待的原因是，你把注意力过多地放在了外部，
而非自身。请你开始更多地关注自己为了维系这段关系都做了什
么或没有做什么，并开始更多地专注于改善自身那些未达到你个
人期望的方面。

占有欲

我们无法拥有或占有他人。你越是试图紧紧抓住你的伴侣，
你的伴侣越会远离你，这是一种自然法则。我们人类和所有生物
一样，都需要自由。我们需要能够自由地选择是否想与某人亲近，
而不是在我们不想亲近的时候被迫亲近。当我们的伴侣在我们不
想亲近的时候强迫我们，我们不仅会躲开，还会感觉自己像一只
被囚禁的动物，并开始怨恨我们的伴侣。以下是一些体现占有欲
的行为的例子：

- 频繁问伴侣爱不爱你；
- 频繁对伴侣说你爱她，期待她也会对你说同样的话；
- 频繁对伴侣说你知道他不爱你，或者没有你爱他那么爱你
  （除非这是你们共同的玩闹，例如以嬉戏的方式说"我爱你
  比你爱我多"）；

- 当你的伴侣不想拥抱或亲吻的时候，或者当她正在忙着的时候，坚持要拥抱、亲吻；
- 在伴侣不想的时候坚持进行性行为；
- 如果伴侣不和你进行性行为，就认为他不爱你；
- 如果伴侣不像你一样频繁地渴望性行为，就试图让对方感到愧疚；
- 想随时知道伴侣在哪里、在做什么；
- 总是指责伴侣不忠；
- 突击检查伴侣的行踪，确保对方没有出轨；
- 在派对或聚会上紧紧依偎着伴侣，让所有人都知道对方和你在一起。

如果你一直在情感上虐待伴侣，试图牢牢抓住他们或者占有他们，那么你需要解决两个主要问题：你的自尊和你的信任。我们会在第 14 章 "持续从伤害中恢复" 中讨论如何提高你的自尊。而至于信任，我能给你的最好建议是，信任更多与你自己有关，而非你的伴侣。如果你信任自己在任何情况下都能照顾好自己，你就不需要担心是否可以信任你的伴侣。

推荐电影

《男孩的生活》（*This Boy's Life*，1993），一个男孩童年时被专横的继父在情感上虐待的例子。

《海阔天空》（*Radio Flyer*，1992），另一个童年情感虐待的例子。

《亲爱的妈咪》（*Mommie Dearest*，1981），一个控制欲极强的母亲在情感上和身体上虐待孩子的例子。

第 9 章

针对彼此虐待的伴侣的
行动步骤

　　"控制是摧毁亲密的终极杀手。

　　除非双方平等，否则我们无法自由地分享彼此。"

　　　　　　　　　　　　——约翰·布拉德肖（John Bradshaw）

个体在童年时期经历的情感虐待或忽视，将严重影响其成年后维持健康人际关系的能力。一段充斥着情感虐待的关系会影响后续所有的人际关系，尤其是当这种情感虐待来自于父母或其他重要养育者、兄弟姐妹、权威人物（如老师、雇主）或亲密伴侣时。遭受过情感虐待的个体在人际关系中会有严重的障碍，包括对于亲密和承诺的恐惧、对被抛弃的担忧、对他人过度指责或极端苛刻，以及表现出极端的依赖性和占有欲，或走向另一个极端，表现得冷漠而自我中心。他们还倾向于将伴侣视为敌人而非盟友，更关注伴侣在关系中做错的地方而非做对的地方。

　　童年时遭受过情感虐待的两个人就像飞蛾扑火一样相互吸引。每个人都一心想要重塑童年时的关系，也许是出于解决童年创伤的渴望，也许仅仅是被熟悉的事物所吸引。而由于双方都缺乏维持健康关系的能力，这种结合注定会出现问题。我们经常会发现一方扮演着施虐者的角色，另一方扮演着受害者的角色，但即便没有人扮演明确的施虐者角色，一方或双方功能失调反应（dyfunctional responses）也会令这段关系异常艰难。

　　除了解决你个人和关系中的问题以外，你和你的伴侣还必须共同努力停止那些破坏你们关系的虐待行为，而本章将提供一个框架和机会，帮助你们做到这一点。当伴侣双方为了"停止关系中的情感虐待"这一共同目标而齐心协力时，这不仅会增强你们彼此的联结，也会增加成功的可能性。尽管你们每个人都需要持续解决自己的问题，你们作为伴侣的共同努力同样至关重要——如果你们决定继续这段关系的话。

本章是专门写给那些在情感上互相虐待的伴侣的——无论这种互相虐待是双方互戳彼此的痛处，还是一方为了报复另一方的虐待而开始反击，或是双方从交往之初就一直互相情感虐待。本章同样适用于一方施虐而另一方不施虐的情况。如果是这种情况，请确保你们双方都清楚，施虐方需要对其虐待行为承担全部的责任。

为了从本章中更多获益，我鼓励你和你的伴侣一起阅读本章，并共同完成推荐的练习。这种方法接近于伴侣心理咨询，且可以聚焦处理关系中的虐待问题。

与前两章一样，在本章中我也会介绍一个分步骤的方案，供你和你的伴侣共同实施。

并不是每对伴侣都能在第一次阅读本章时就做好实施该方案的准备。你和你的伴侣可以选择在读完整本书后，或者在各自完成一些个人问题的处理后，再回到这一章来。知道这一章会在你们做好准备时提供所需的帮助，这本身或许也是一种慰藉。

停止互相责怪

在开始阅读本章并着手完成其中的练习之前，你们必须先达成一个共识：不再互相责怪。对于相互虐待的伴侣而言，你们需要承认双方都对关系中的问题负有责任，无须持续地翻旧账，争论谁对谁做了什么。责怪不同于承担责任。当我们不断责怪别人的时候，我们就会困在问题中，无法专注于解决问题。此外，责怪他人与要求对方为自己的行为承担责任是两回事，理解这一点也十分重要。稍后在本章中，你们每个人都有机会为自己的行为承担责任，并为自己给对方造成的伤害道歉。现在，比起持续对立，你们必须开始将彼此视为为了共同目标而并肩作战的盟友，而你们的共同目标就是挽救你们的关系。

对于只有一方对另一方进行情感虐待的情况也是如此。在这个阶段，受虐待的一方必须愿意停止对对方的责怪。这并不意味着你必须立刻原谅伴侣，或忘记伴侣的所作所为。这仅仅意味着你同意不再提及过去的虐待，或者说同意不在对方面前翻旧账，而是努力在关系中向前看。然而，这并不意味着你要停止指出伴侣仍在持续的虐待行为。

伴侣双方互相分享他们过去的情感虐待经历，可以极大地促进彼此的疗愈。我将通过一系列练习，帮助你们发展对彼此的共情，我也会教授一些方法，帮助你们更好地支持和鼓励对方的疗愈之旅。一旦你们通过共情实现了相互理解，你们双方就能更好地卸下防御，开始重建对彼此的信任。

情感虐待归根到底是为了保护自己。实施情感虐待的人实际上是在保护自己免于经历以下体验：

- 脆弱；
- 羞耻/尴尬；
- 承认错误；
- 显得软弱；
- 恐惧；
- 愧疚。

一旦你们能够卸下对彼此的防御，呈现自己的真实感受，你们就可以不再将对方视为敌人，而是开始将对方视为真正的伴侣。这样，你们就不会再无意识地重复那些旧的模式，而是可以开始打破你们往常的模式，发展出新的、更健康的相处方式。

问卷：评估你们的关系

在开始本方案之前，我建议你们评估一下各自的期待，确认自己对于挽救这段关系的信心。为了帮助你们进行评估，我提供了一个小测试，建议你们分别在不同的房间或不同的时间独立完成。完成各自的测试之后，你们可以比较一下各自所写的内容。

1. 你是否对你们的关系能有所改善抱有很大希望？
2. 你是否对结束这段关系中的情感虐待抱有很大希望？
3. 你是否对伴侣能够改变他们的行为抱有希望？
4. 你是否对自己能够改变自己的行为抱有希望？
5. 你是否相信伴侣愿意为了疗愈过去而付出必要的努力？
6. 你是否愿意为了疗愈自己的过去而付出必要的努力？
7. 你是否相信你和伴侣可以改变那些导致关系中虐待行为的互动？
8. 你是否相信你的伴侣会努力改变关系中的互动？
9. 你是否愿意努力改变关系中的互动？
10. 你是否愿意停止将关系中的所有问题都归咎于你的伴侣？
11. 你是否相信你的伴侣愿意停止将所有问题都归咎于你？

如果你或你的伴侣对于上述问题中的七个及以上都给出了肯定的回答，那么你们的关系就有很大的可能性好转。七个及以上的"是"表示你对自己和伴侣都充满信心，相信你们能扭转当前的关系，而这种信心也可以对结果产生积极的影响。这并不意味着只要相信自己能够改变这段关系，就一定能实现；这个过程需要你们双方都付出大量的努力。但这确实体现了一种正面的态度，表明你相信你和你的伴侣都愿意付出所需的努力，这本就是非常积极的信号。

如果你或你的伴侣对大多数问题的回答都是否定的，这表明你们对关系能否真正改变不抱太大希望，或者你们对自己或对方是否愿意付出努力去改变没有太多信心。如果是这种情况，我建议你与伴侣坐下来讨论你们的感受和怀疑。如果你们中的任何一方或双方对于虐待的停止已经不抱希望，那么继续努力挽救这段关系也就没有太大意义了。你们最好还是坦诚相对，尽快结束这段关系。

七步计划

第1步：分享彼此的过去

你们需要做的第一件事就是更多地了解彼此的过去，并且仔细审视你们的关系，看看你们彼此的过去是如何相互吻合或交融的。在第 4 章中，你们了解了童年经历的巨大影响，以及你们的个人经历是如何为虐待关系埋下隐患的。你们很可能都曾在童年时受到过忽视、抛弃，或者情感、身体乃至性方面的虐待，所以了解对方的童年经历可以帮助你们认识到你们的行为和态度的根源。了解伴侣施虐行为的根源并不是要为他们的行为开脱，而是为了帮助你们以更有意义的方式与彼此联结，并对彼此产生更多的共情。

请注意：如果你不愿意与伴侣分享你的故事，因为对方以前常常会利用这类信息来伤害你，而你对他不会再这么做仍缺乏信心，那么请你推迟这个练习，等到你对伴侣建立了更多信任之后再进行。你也可以选择让伴侣先分享。在对方分享了脆弱的过往之后你再分享，这可能会让你感觉更安全一些。

练习：对彼此产生共情

这一练习将帮助你们对彼此产生更多共情，更好地理解和尊重彼此的触发因素。如果你们尚未进行这样的对话，那么请现在找个时间，一起坐下来，与对方分享自己的童年经历。即使你们在刚开始交往时已经分享过自己的过去，再次分享仍十分重要，因为你们通过阅读本书，对自己的过去及其影响已经获得了更深的理解。以下是一些关于如何进行分享的建议：

1. 留出足够的时间与伴侣分享你全部的故事。你不需要按时间顺序复述你的整个童年，但请确保涵盖以下内容：
   - 任何被忽视的经历；
   - 任何被抛弃的经历；
   - 任何被虐待的经历，包括情感、身体或性虐待；
   - 以及其他任何你觉得可能影响了你，为你进入情感虐待关系埋下了隐患的经历（例如，父母一方对另一方进行的情感虐待等）。
2. 通常，一次由一个人讲述自己的故事是最好的做法（除非你们愿意留出整个周末，专门用于分享彼此的故事）。如果两个人同时在一个晚上讲述各自的故事，可能会耗费大量的时间和情感。此外，每次只有一个人分享，另一方可以更全神贯注地给予倾听和陪伴。
3. 如果你是暂时不分享的那一方，那么你的任务就是尽可能仔细地倾听对方在说什么。如果你愿意，且不会受到太大干扰的话，可以做一些笔记。试着以"开放的心"去倾听，这意味着不对伴侣做任何评判，并尽可能共情地倾听。试着站在对方的角度，想象他们当时的感受。

4. 在伴侣分享他们的故事时，请你认真倾听，不要打断，避免插入自己类似的经历或开始感叹对方所经历的不易。如果伴侣崩溃大哭，请给予对方一个拥抱。当然，当谈话暂停或伴侣讲述结束之后，你可以表达你为对方的经历而感到伤心或难过，但请注意不要打断伴侣的思绪和他们的讲述。

5. 如果你们中的任何一方对于口头讲述自己的故事感到不自在，你们也可以写下自己的故事，让伴侣阅读。

6. 双方分享完各自的故事之后，你们可以坐下来，交流彼此对这些内容的感受。同样，请确保预留充足的时间，确保交流过程不会感到仓促或受到干扰。请在交流中包含以下内容：

- 你们听到对方的故事时的情绪反应，包括了解伴侣经历后的个人感受；
- 你们过往经历的相似和不同之处；
- 你们在童年经历与当前关系中发现的任何联系；
- 以及你们在自己的父母和伴侣，或者自己的原始施虐者和伴侣之间发现的任何相似之处。

不要把谈话变成一方对另一方的心理分析。如果对方看不到你所看到的联系，那就不要再深究了。你无法强迫他们识别自身的模式。

练习：你的父母是如何相处的？

分享过往经历的一个重要方面，是讨论你们各自的父母是如何对待彼此的。我们不仅在无形中重复着自己儿时被对待的方式，也常常会复制父母之间的互动模式。以下问卷可以帮助你们发现，自己是否在各自父母的相处模式的基础之上建立了你们的关系模式。我建议你们先各自独立回答以下问题，然后再一起讨论。

1. 你的父母在面对问题时，是倾向于理性讨论，还是倾向于互相指责？
2. 他们是擅长表达情绪，还是习惯把情绪憋在心里？
3. 你的父母一方或双方是否倾向于将自己的问题归咎于对方？
4. 你的父母是否经常吵架？
5. 你的父母一方或双方是否会对对方实施冷暴力？
6. 你的父母一方或双方是否会对对方大喊大叫？
7. 你的父母是否会互相惩罚？
8. 你的父母一方或双方是否会在情感上虐待对方？

第 2 步：发现并承认你在问题中的责任

在分享彼此的过往之后，你们自然而然就会进入到第 2 步。例如，如果你曾经遭受父母的情感虐待，他们极其严苛，对你充满不切实际的期望，而你又不自觉地在与伴侣的关系中重复了这种模式，对伴侣吹毛求疵，始终难以满意，那么你需要承认自己的行为如何导致了关系中的问题。即使你的伴侣可能也做了一些加剧矛盾的行为，例如进行被动攻击（即以隐蔽、被动的方式表达愤怒）或故意挑衅，你也应该理解并承认，如果不是因为你的苛刻，对方可能也就不会总是如此发起被动攻击了。

即使你在虐待问题上唯一的责任就是过度迁就，无论伴侣的要求多么不合理都一味地让步，或是习惯性地将伴侣的问题归咎于自己，你也需要向自己和伴侣承认这一点。然而，这并不意味着你要为伴侣的虐待行为负责，虐待行为完全是对方的责任，与你无关。

为了顺利推进这一步骤，我鼓励你们每个人都投入时间，思考以下问题：

■ 我做了哪些导致关系出现问题的事情？

■ 我是否一直在重复父母的虐待行为或期望？

■ 我是否经常被伴侣的行为触发，因为这些行为让我想起父母的虐待行为？

■ 我对关系抱有怎样的期待？这些期待是否切合实际？

■ 为了改善关系，我可以做些什么？

练习：勇于承担关系问题中的个人责任

虽然我已多次提及，但仍须在此重申，没有人需要为他人的虐待行为负责。

如同上一个步骤，请你们留出一段时间，各自坦诚面对并承认自己在关系问题中的责任。请确保预留充足的时间，以免受到打扰。我建议你们采用以下形式：

1. 面对面坐下，轮流发言，承认各自在关系困境中需要承担的责任。在此过程中，请尽量保持目光接触。

2. 轮到自己时，请尽可能具体地表达。例如，如果你觉得自己的问题在于当众取笑伴侣，贬低他们的浪漫举动，质疑对方的男子气概或女性气质，那么请直接表达。又或者，如果你觉得自己的责任在于始终无法原谅伴侣曾被他人吸引，并以对方的不检点为借口不断加以斥责和贬低，那么请告诉对方这一点。如果你觉得自己的责任在于无论伴侣如何努力，你都始终不满，那么请向伴侣承认这一点。

3. 轮到你的伴侣承认其在关系问题中的责任时，请敞开心扉倾听，不要打断对方。即使对方没有说出你想听的话或有所疏漏，也请保持沉默。请记住，对一些人而言，承认自己的错误和弱点极其不易，如果你知道自己的伴侣正是如此，那么请你为对方能够做出的承认表示肯定。

4. 在你的伴侣说完后，告诉对方你很感激对方愿意承认自己的问题。如果你的伴侣是那种很难承认自己错了的人，那么请对对方的勇于承认给予正面的肯定与鼓励。

5. 如果你认为伴侣忽略了某个行为或态度，而这些也是情感虐待的一部分，或者加剧了关系中的情感虐待，那么请向他们指出，有一些事情你还需要他们加以承认，但他们可能忽略了。根据具体情况，你的伴侣可能会说自己需要更多的时间来思考，或直接询问你具体所指。如果对方需要更多的时间，那么请你务必给予对方足够的时间。请记住，这个步骤可能对你的伴侣来说十分艰难，对方此刻可能已经脆弱到了极限。当你的伴侣从这一步骤所带来的压力中恢复过来之后，对方也许能进一步向内探索，发现你所说的问题。如果这些领悟源自伴侣内心而非你的直接告知，那么这对双方而言都将更具意义和力量。而如果伴侣询问你具体所指，那么你可以将之

> 视为对方已经准备好倾听的信号，坦诚相告。不过，请确保不要陷入无谓的争执，不纠结于对方是否确实存在那样的态度或行为。如果你的伴侣以任何方式反对或质疑你，你只需要告诉对方这就是你对事情的看法，并暂时保留不同意见。然后你可以提议该话题先暂停于此，并告诉对方，如果对方愿意在之后的时间再思考你的话，你将不胜感激。

第 3 步：为过去的伤害道歉，共同走向未来

首先，请你们各自详尽列出自己在这段关系中施行过的情感虐待行为，以及自己在关系中造成的问题。如果你需要帮助，可以参考第 2 章中关于情感虐待行为和态度的清单。如果你在情感虐待中的责任是过于顺从，或是默许了伴侣的持续虐待，那么请你将这点也纳入你的清单之中。多花些时间列出你们的清单，确保尽可能全面无遗。

待双方各自完成清单后，约定一个时间彼此分享。在只有一方施虐的情况下，我建议施虐方先进行分享。和前面的步骤一样，确保你们预留充足的时间，以免受到打扰。你们可以遵循以下原则轮流进行分享：

1. 注视伴侣，可以尝试这样开场："我的言行伤害了你，也使得我们的关系出现了问题，对此我深感抱歉。我想给你读一份清单，这上面列出了我做过的伤害了你并破坏了我们的关系的事情。"
2. 每个人轮流读出自己清单上的每一项内容。
3. 轮到自己时，每读完一项后，请抬头直视对方的眼睛，向对方道歉说"对不起"或"请原谅我"。

4. 如果你唯一的过错是你没有维护自己，任由虐待继续，那么你不需要为此道歉或请求原谅。相反，你可以说："我会开始维护自己，我不会再允许你继续虐待我。"

请你们双方都不要"批评"对方的承认和道歉。记住：这是一个非常艰难的过程。对于任何人而言，面对自己的过错都很不容易，尤其是当它们伤害了我们所爱之人时。

如果你后续发现伴侣遗漏了他们施虐行为中的某些重要部分，邀请他们坐下来，对他们的行为加以提醒，并告诉对方你仍然需要他们承认这些行为并为之道歉。

第4步：发现并探讨双方的问题是如何交织碰撞的

你们不仅需要面对各自在关系中的问题并承担责任，还要理解你们的问题是如何交织和相互影响的。以下例子可以清晰地阐释我的观点。

黛博拉和雅各布：安全感缺失与情感疏离

我的来访者黛博拉（Deborah）在和雅各布（Jacob）的关系中一直很没有安全感。从一开始，她就想知道雅各布的所有过去，尤其是与他所有前任女友有关的事情。虽然雅各布无意隐瞒，但他认为自己的过去是他自己的事，而黛博拉的问题侵犯了他的边界。

雅各布抱怨说，每当他结束工作回到家，迎接他的总是黛博拉关于其工作的连番询问。雅各布对这些问题很反感，他再一次觉得黛博拉在侵犯他的边界，所以他要么选择不回答，要么含糊其辞。而这只会让黛博拉起疑心。她开始怀疑雅各布和同事有染。

此外，由于黛博拉对自己的外表缺乏安全感，当他们去参加聚会的时候，黛博拉会整晚都待在雅各布身边，生怕只要自己离雅各布远一点,就会有别的女人把他抢走。雅各布说,他感觉自己在黛博拉身边简直无法呼吸,甚至不想再参加聚会,因为和她在一起时,他感到自己永远都无法自在地和新朋友交流。当电话铃声响起,雅各布去接电话时,黛博拉就会在旁边徘徊,以便听到谈话的内容。这让雅各布非常厌烦,因为他觉得自己没有任何隐私可言。

随着时间的推移,由于这些在他看来属于过度干涉和苛求的行为,雅各布开始越来越怨恨黛博拉。他对我说:"我希望她能别再烦我。我实在受不了她无休止的质疑和占有欲了,这让我想离她越远越好。"

另一方面,黛博拉则形容雅各布孤僻、冷漠、尖酸刻薄。"要让他告诉我点什么事情就像要他命一样。他从不向我敞开心扉分享他的感受、愿望或者其他任何事情。他也从未对我说他爱我。我要是能有安全感就怪了。"

结果我发现,黛博拉和雅各布在相互进行情感虐待,尽管他们都并非有意如此。更为棘手的是,他们各自的行为都激化了对方的反应。黛博拉的不安全感使她变得专横、多疑、占有欲强、苛刻,在情感上令人窒息。而相应地,雅各布变得越来越回避、退缩、拒绝沟通。对于他的退缩,黛博拉的反应是变得更加苛求、焦躁、易怒。而雅各布无法告诉黛博拉他感到多么窒息,也无法坚持让黛博拉给他一些空间,尊重他的底线。他要么变得更加退缩,要么用尖酸刻薄的话发泄怒火。当他这么做时,黛博拉也会变得更生气,变得更加冷嘲热讽。

黛博拉在进入这段关系时,本身就是一个缺乏安全感的人,而雅各布则是一个非常注重隐私、有些疏离的人。他们各自的行为背后,都有着深刻的童年根源。黛博拉之所以缺乏安全感,是因为小时候她与母亲在情感联结上的缺失。雅各布之所以疏离,是因为成长过程中父亲情感上的疏离。关键在于,尽管他们各自带着问题进入这段关系,但他们之间的互动又进一步加剧了他们各自的问题。试想，如果黛博拉的伴侣不像雅各布那样疏离，她的不安全感可能就不会成为这么大的问题。如果雅各布和一个像他一样需要隐私和空间的人在一起，他的疏离可能也不会变得如此严重。这就是模式的对应，正是这种对应使得伴侣互相刺激对方的痛点，并不断加剧彼此的问题。

第 5 步：分享你们的触发事件

正如前文所述，有时情感虐待之所以会出现在一段关系中，是因为伴侣双方都在刺激对方的痛处。通常在这种情况下，伴侣双方都没有意识到发生了什么。因此，与对方分享自己的"痛处"或触发事件非常重要。

莱纳德和玛吉：过分纵容的母亲和过于严厉的父亲

莱纳德（Leonard）小时候，他的母亲从来没有时间陪他。作为一个单亲妈妈，她整天都在工作，晚上则流连于酒吧与男人相会，把他留给保姆照顾。"我永远都不知道早上起床后会在妈妈的床上看到哪个男人。现在，每当我妻子晚上想和她的朋友出去时，我都会感觉非常焦虑不安，她则指责我不信任她，想控制她。我们常常发生激烈的争吵，彼此说出许多伤人的话。但实际上，我并非不信任我的妻子，只是我那些深埋的痛楚被触发了。我被关于母亲的回忆所淹没，并开始感到极度不安。如果她的穿着在我看来有些轻浮，也会让我非常抓狂。如果她的裙子太短，我就会抱怨，而这总是会让她大为光火。我妈妈以前出门时就总是穿得十分轻浮，我知道这是问题所在。但玛吉（Maggie）觉得是我又不信任她了。"

令人难以置信的是，莱纳德从未告诉过玛吉他成长过程中与母亲相处的经历。"你知道，这不是一个男人该说的话。我不想让自己听起来像个叽叽歪歪的受害者。因为我的不安全感，我妻子已经不尊重我了。"

　　我鼓励莱纳德与玛吉分享他母亲的事情，特别是与她分享他的触发因素。我解释说，除非玛吉了解他的痛处，否则她就会继续不知不觉地刺激他的这些痛处，他们就会继续争吵和辱骂对方。他起初并不情愿，但最终还是听从了我的建议与妻子进行了一次谈话，分享了他的过去和他的触发因素。

　　玛吉非常理解莱纳德的不安全感，并在发现莱纳德不安全感的根源后如释重负。她反过来与莱纳德分享说，她的父亲对她有着不合理的严格要求，当她认为莱纳德在试图像她父亲那样控制她时，这就会刺激到她的痛处。她甚至承认，有时她其实并不想和朋友出去玩，但仍然坚持要出去，就是因为她不想被莱纳德控制。

　　当这一切都公开之后，他们之间的关系开始发生变化。他们同意对彼此的触发事件保持敏感，并在自己的痛处被触发时告诉对方。这对他们来说似乎非常有效。虽然莱纳德在妻子出去玩时仍然会感到不安，但他不再那么恐慌了。相反，他会告诉她，他的痛处被触发了，而玛吉则不再那么生气，也更能理解他的反应。她甚至发现，一旦她明白莱纳德并不是想控制她之后，她实际上就不那么经常想出去玩了。在我最后一次和莱纳德谈话的时候，他和妻子已经相处得比之前好多了。

第6步：设置边界和底线

　　在每段关系中，每个人都有一些自己设定的"禁区"，即他们无法容忍的行为。这些禁区也许源于个人的创伤触发点，或是源于道德观念的坚守，抑或仅仅是出于某种不适感。令人遗憾的是，伴侣往往不会告知对方这些行为具体包括什么。相反，他们会一次又一次地争吵，每当一方越过另一方的边界时，他们就会吵架。

同样地，他们往往也不会告诉对方自己的底线是什么。举例而言，你的伴侣和别人在聚会上稍微调情一下，你可能会觉得无所谓。但如果对象是你反感的人、你认为伴侣对其有好感的人，或者是你眼中行为轻佻的人，情况就不一样了。如果你告诉你的伴侣可以和别人调情，或者以非言语的方式向对方传达了这个信息（比如，当你发现伴侣和别人调情时并不生气或一笑置之），但当对方与"禁区"中的人调情时你却生气了，那你的伴侣一定会感到困惑和愤怒。但是，如果你清楚自己的底线是什么（或者在这个例子里，哪些人是处于禁区的），你的伴侣就更有可能尊重你的底线，而如果对方没有遵守，那么对方也应该明白你为什么会生气。

练习：澄清你的边界和底线

1. 请你们各自在纸上列出自己不能接受的行为，包括那些让自己感觉不适的行为、触发自己痛处的行为，或者在道德上无法接受的行为。例如，你的清单可能包括出轨、和别人说你的坏话、在别人面前取笑你、翻看你的私人文件或打开你的信件，等等。

2. 接下来，请列出你对伴侣当前行为的个人底线。例如，你可能觉得伴侣喝酒没问题，但由于你的母亲是个酒鬼，所以如果伴侣喝酒超过两杯，你就会不高兴。又或者，如果你的丈夫在午餐时和朋友们光顾半裸餐吧，你可能会觉得没什么，但如果他去一家全裸的脱衣舞俱乐部，那就不行了。

3. 找一个合适的时间，坐下来与彼此分享你们的清单。轮流解释为什么你会有这样的边界和底线，并询问你的伴

> 侣是否会尊重这些边界和底线。如果你的底线和边界与
> 童年创伤有关，请一定要向伴侣解释这一点。

第 7 步：求同存异，适时抽离

根据我从事咨询工作的经验，我发现那些有虐待倾向的人往往错误地认为，如果伴侣不同意他们的观点，就说明伴侣不爱他们、不支持他们。那些遭受虐待的人往往也有同样的想法。然而，这种想法既会助长施虐倾向，又会助长受害倾向。为了拥有在情感上健康的关系，你们的关系中必须为意见分歧留有空间，即使意见不同时也不会让任何一方感觉自己不被爱，或者感觉自己不够爱对方。你不需要强迫伴侣按照你的方式看待问题，也不需要努力改变自己的观点或看法，以此来证明你对伴侣的爱。你们每个人都有权有自己的观点。

你肯定听说过"求同存异"这句话。这句话之所以流行，正是因为它有用。它的意思是，当你们陷入僵局时，相较于继续互相指责、希望其中一方改变主意，简单地说一句"我们没有办法在这件事情上达成一致，所以我们就放下它吧"要有效得多。

也有些时候，你能做的最有效的事情就是抽身离开。如果你们中的任何一方因为太生对方的气而不可抑制地辱骂或斥责对方，那么最好的办法就是在必要时离开房间或离开家。在你们冷静下来以后，你们可能会想坐下来理性地讨论你们之间的问题，但在此之前最好还是远离对方。如果你正在接受伴侣的怒火，那也是同样的道理。你不必因为伴侣发火就坐在那里照单全收。为了伴侣，也为了你自己，起身离开吧。

通常，随着你变得更加健康，你就不会再受困于过去。随着伴侣双方各自完成自己的未完成事件，你们的性格可能都会

发生巨大的变化。这也会反过来让你们不再以同样的方式回应彼此，不再需要通过互相拉扯来让伴侣满足自己未被满足的需求。

推荐电影

《玫瑰战争》（*The War of the Roses*，1989），生动刻画了一对互相情感虐待的夫妻。

《四季情》（*The Four Seasons*，1981），幽默又酸楚地展现了一对正在经历转变的夫妻。

第 10 章

当伴侣存在人格障碍时

> "女性被教导以牺牲自我为代价提升他人，男性则被
> 教导以牺牲他人为代价增强自我。二者总是难以平衡。"
>
> ——哈丽雅特·勒纳博士（Harriet Lerner，Ph.D）

情感虐待有时是伴侣一方或双方在重复童年所目睹或经历的虐待，有时则是由一方或双方患有人格障碍引起的。什么是人格障碍？根据专业人士用于诊断心理障碍的标准指南《精神障碍诊断与统计手册（第五版）》（DSM-5），人格障碍是一系列持久的心理和行为模式，这种模式明显偏离个体所处的社会文化期望，它的影响广泛且较为僵化（不易改变），通常在人的一生中保持不变，并会损害人际关系，或给关系带来困扰。

人格障碍患者除了在建立人际关系方面存在困难，在自我形象、理解自己和他人的能力、情绪的适度性以及冲动控制等方面也存在失调。（DSM-5）中列出了 10 种类型的人格障碍，其中一些类型会导致一个人表现出被视作情感虐待的行为。

这其中，两类人格障碍的患者尤其容易在亲密关系中创造出情感虐待的环境。这两类人格障碍分别是边缘型人格障碍（Borderline Personality Disorder，BPD）和自恋型人格障碍（Narcissistic Personality Disorder，NPD）。虽然其他人格障碍或心理疾病有时也会使人出现情感上的虐待倾向，但它们不像上述这两类障碍那样以情感虐待为核心特征。（请注意以下两种例外：一是反社会人格障碍，我此前将之描述为虐待型人格；二是偏执型人格障碍，其特征是对他人普遍的不信任和猜疑。这两类人在关系中几乎总是在进行情感虐待，并且具有持续性。然而，我们往

往很难触及这两类患者的内心世界，即使是专业的治疗师也很难帮助到他们，更不用说书籍了。尽管边缘型人格障碍和自恋型人格障碍是很严重的两类障碍，但是我们仍然有可能触及和帮助到他们。）

我之所以特别关注边缘型人格障碍和自恋型人格障碍，是因为与其他类型的人格障碍或心理疾病相比，这两种障碍的发生往往与个体童年所经历的情感、身体或性方面的虐待或忽视有关。虽然所有人格障碍都有一系列成因，例如父母的养育方式、人格和社会发展、遗传和生物因素等，但童年虐待似乎始终是引发边缘型人格障碍和自恋型人格障碍的核心因素。

此外，边缘型人格障碍和自恋型人格障碍常被视为极具当前时代特征的代表性人格障碍。由于患者人数众多，它们引起了广泛关注，也有大量研究探索其成因。我关注这二者的另一个原因是，患有边缘型人格障碍的人往往会被患有自恋型人格障碍的人所吸引，反之亦然。这种频繁的配对形成了最常见的情感虐待关系类型之一。

在本章中，我将定义并描述这两种人格障碍，并说明它们在关系中有怎样的表现，又是如何令伴侣体验到情感虐待的。我还会提供一些问卷，帮助你判断你的伴侣是否可能存在这两种人格障碍中的某一种。之后，我将提供具体的建议和策略，旨在帮助读者们保持理智，并努力消除关系中最有害的情感虐待。

请注意，边缘型人格障碍通常更多地影响女性，而自恋型人格障碍则在男性中更为常见。这种现象背后可能有很多原因，比如在许多文化中，男性都不被允许公开表达情感（愤怒除外），而任何可能被解读为软弱的行为都可能让他们遭受严重的污名化。因此，男性更可能压抑自己的情感，构建起坚实的防护墙来保护自己免受伤害。这种防御的壁垒是自恋型人格障碍的典型特征。相较之下，女性则通常更被允许表达脆弱的感受，比如痛苦和恐惧，但不太被允许表达愤怒。这使得她们更容易将愤怒指向自己，并因此遭受低自尊、沉重的羞愧感和抑郁等困扰。这三种困扰是边缘型人格障碍患者的典型症状。在整本书中，我一直在交替使用男性、女性和性别中立代词。然而，在接下来的两章中，我将在讨论边缘型个体时主要使用女性代词，在讨论自恋型个体时主要使用男性代词。请记住，这并不意味着只有女性边缘型人格障碍患者或只有男性自恋型人格障碍患者。事实上，有证据表明，男性边缘型人格障碍患者和女性自恋型人格障碍患者的数量都在显著增加。

确认伴侣是否患有边缘型人格障碍

当人们想到边缘型人格障碍（BPD）患者时，通常会想到那些表现出明显破坏性行为的典型患者形象，比如有自伤行为和自杀念头的人。但实际上，许多边缘型人格障碍患者的症状表现并不那么典型。这类患者的具体表现可能包括：不认为自己有任何问题，会将自己的痛苦投射到他人身上，并拒绝为自己伤害他人的行为承担任何责任。因此，与边缘型人格障碍患者或有明显边缘特质的伴侣交往的人，常常意识不到自己正在遭受情感虐待；他们可能知道自己在这段关系中不快乐，但他们可能会责怪自己，或对导致关系中不断出现混乱或停滞不前的原因感到困惑。边缘型个体经常指责伴侣才是关系问题的根源，或者告知伴侣只要对方更体贴、更善解人意、更性感或更有吸引力，关系就能改善。尽管边缘型个体的伴侣受到如此有失偏颇的待遇，在大多数情况下，他们实际上仍然相当依赖对方（边缘型个体），或者存在共生关系，这使得这类伴侣在关系中往往异常有耐心，忍常人所不能忍。

　　边缘型人格障碍患者的交往对象往往会质疑自己的感知或判断力，部分原因在于他们经常遭受无端的指责。他们可能会被指责在行事、思考或感受方式上令人沮丧不安甚至生气，这使得他们逐渐开始采取一种小心翼翼的生活方式，保罗·梅森和兰迪·克莱格（Paul Mason & Randi Kreger，2020）称之为"如履薄冰"（walking on eggshells）。他们中有许多人最终真的开始相信，自己是关系出现问题和伴侣情绪问题的罪魁祸首。

问卷：你的伴侣是否存在边缘型人格障碍倾向？

　　以下问题改编自保罗·梅森和兰迪·克莱格所著的《与内心的恐惧对话：摆脱来自亲人的负能量》，这些问题将帮助你判断你的伴侣是否患有边缘型人格障碍或是否具有明显的边缘特质。

1. 你的伴侣是否给你带来了巨大的情感痛苦和困扰？
2. 你是否开始觉得自己无论怎么说、怎么做都可能会被曲解，甚至会被当作对付你的武器？
3. 你的伴侣是否经常让你陷入无论怎么做都是错的两难境地中？
4. 你的伴侣是否经常把并非你过错的事情归咎于你？
5. 是否关系中的所有错误，或者你伴侣生活中的一切问题都会被归咎于你，即使这从逻辑上讲毫无道理？
6. 你是否发现自己会因为害怕伴侣的反应，或者觉得不值得引起激烈的争端和面对随之而来的伤害，而隐藏自己的想法或感受？
7. 你是否觉得，伴侣会向你倾泻强烈、暴虐、莫名其妙的怒火，但又会时不时突然表现得完全正常、充满爱意？当你对别人解释这种状况时，其他人是否很难相信你？

8. 你是否经常觉得你的伴侣在操纵、控制或欺骗你？你是否觉得自己是情感勒索的受害者？

9. 你是否觉得自己在伴侣眼中要么全好、要么全坏，没有中间地带？有时候伴侣的看法会莫名其妙地在这两个极端之间摇摆？

10. 当你感到彼此的亲密时，你的伴侣是否常常会推开你？

11. 你是否不敢在关系中提出需求，因为对方会指责你要得太多，或说你有问题？

12. 你的伴侣是否会直接通过语言或行动来告诉你，你的需求不重要？

13. 你的伴侣是否经常诋毁或否认你的观点？

14. 你是否感到伴侣的期望一直在变，自己做什么都不对？

15. 你是否会因为从没做过的事或从没说过的话而受到无端指责？你是否觉得自己被误解，想要解释，却发现对方根本不相信你？

16. 你的伴侣是否经常指责你或贬低你？

17. 当你试图离开这段关系时，你的伴侣是否会千方百计地阻止你离开（采取的方法可能包括充满爱意的告白，不断承诺会改变或求助，或以暗示或明示的方式威胁自杀或杀人）？

18. 你是否因为伴侣的情绪化、冲动或阴晴不定而难以规划自己的许多活动（例如社交活动、度假等）？你是否会为伴侣的行为找借口，或试图说服自己一切都还好？

　　如果你对以上超过一半的问题回答"是"，尤其是对第 9 至第18题,那么你的伴侣很可能具有边缘型人格障碍相关特质。从这份列表中可以看出，许多上述行为在本书中已被界定为情感虐待（例如，持续的指责、不切实际的期望、持续的混乱、情感勒索、煤气灯式情感操纵）。你可能之前没有意识到，这些虐待行为同样也是人格障碍的症状。虽然无法仅凭这些就对未曾谋面的人做出诊断，但我几乎可以肯定，如果你的伴侣在思考、感受和行为方式上与上述描述相符，她很可能有边缘型人格障碍的倾向。有关边缘型人格障碍特征的更多信息，请参阅本书下一章及书末的推荐书目。

孪生恐惧——抛弃与吞噬

　　上述所有情感和行为背后的核心是两种相伴相生的恐惧：被抛弃与被吞噬。患有边缘型人格障碍或具有明显边缘型倾向的人，几乎都在婴儿或儿童时期经历过某种形式的抛弃。这种抛弃可能是物理意义上的，比如父母住院、父母离世、被领养、长时间被单独留在婴儿床上；这种抛弃也可能是情感上的，比如母亲难以与孩子建立情感联系，孩子因为自己的出生不被期待而遭到忽视，或是父亲疏离孩子且缺乏关爱。这些物理或情感上被抛弃的经历，导致边缘型个体要么极度害怕在亲密关系中被拒绝或抛弃，害怕再次感受到最初的创伤，要么在关系中非常疏远和冷漠，以此来防御亲密关系可能会带来的痛苦。在很多情况下，边缘型个体实际上在这两个极端之间不断摇摆。在某个时刻，她在情感上的依附可能让人感到窒息——绝望地抓紧伴侣，大量地索求关注，恳求伴侣永远不要离开她。而另一时刻，可能只是几小时或几天之后，她可能又会因为害怕在关系中被吞噬而崩溃不已。她可能会无缘无故地变得孤僻和退缩，或者通过指责伴侣不爱她、不忠诚、不再被她吸引来推开伴侣。她甚至可能会指责伴侣太黏人。

这种在依附和排斥之间反复横跳的模式，在患有边缘型人格障碍的人中十分常见。在关系的发展过程中，最典型的模式是，边缘型人格障碍患者常常会迅速坠入爱河，并急于立刻建立亲密关系。她可能表现得几乎没有界限——坚持每天见到自己的爱人，分享自己至深至暗的秘密，甚至迫不及待地想要结婚或同居。然而，一旦她俘获了伴侣的心并得到了某种承诺，典型的边缘型个体可能会突然变得疏远、挑剔，或对这段关系产生疑虑。她可能突然不再想要发生性关系，说俩人过早地发生了性关系，却没有在其他方面相互了解。她可能会突然对伴侣产生怀疑，指责他利用自己或对自己不忠。她可能会开始在伴侣做的每件事中挑刺，并质疑自己是否真的爱他。这种疏远的行为甚至可能带有偏执的色彩。她可能会开始监听伴侣的电话，调查他的背景，或质问他过去的恋人。

边缘型人格障碍患者的这种行为可能会让对方对这段关系产生疑问，或者令对方极其愤怒以至于开始疏远她。当这种情况发生时，她会突然感到极度的不安和困惑。她感到了另一种恐惧——被抛弃的恐惧——她将再次变得依赖、黏人，并"立刻变得亲密无间"。对于一些伴侣而言，这种反复无常可能只是令人困惑，但对很多人来说则是极其令人沮丧的。有时，一些伴侣可能因此想要结束这段关系。而当这种情况发生时，毫无疑问会出现非常戏剧性的一幕，边缘型个体可能会乞求伴侣留下，威胁如果伴侣不留下就自杀，甚至威胁说如果伴侣试图离开，就杀了对方。

尽管边缘型人格障碍患者的许多典型行为带有情感虐待的特征（例如，持续制造动荡、持续指责、不切实际的期望），但双方的关系往往会演变成互相的虐待。这是因为边缘型个体可能会不断将伴侣推到墙角，而伴侣最终会将挫败和愤怒的情绪付诸行动。这种情绪的横跳对于大多数人来说都很难应对，很少有人能在不发脾气或诉诸虐待手段的情况下摆脱这种情况。如果有人在你试图出门时哭泣着抱住你的腿，在当下，你可能会很冲动地想要立刻把伴侣抱在怀里，或者想要把对方一脚踢开。而即使你选择把伴侣抱在怀里并承诺永远不离开对方，你也会很难再尊重你的伴侣。你可能会留下来，但你再也无法用平等的眼光看她，而这可能为你施加情感虐待铺平了道路。而如果你把伴侣推开，则可能面临在身体上虐待对方的指控。对方也可能会因为你的拒绝而对你大发雷霆，甚至对你动手，迫使你进行自卫。如果你是男性，你将很难解释自己为什么对一个无辜的女性动手。如果你真的在愤怒失控中伤害了她，你可能会出于愧疚而选择留下，但下一次你被对方挫败时，你很可能又会重蹈覆辙。

应对并终止情感虐待的策略（BPD型）

（1）认清你在这段关系中得到了什么

与患有边缘型人格障碍（BPD）的伴侣交往的男女很快会发现，他们的伴侣是一个内心极度不快乐的人。她们往往有一个极其不快乐的童年，通常遭受过情感、身体或性虐待，或严重的忽视和抛弃。在这种情况下，你自然会想成为伴侣生活中的一股积极力量，以某种方式弥补伴侣所经历过的那些深刻而沉重的痛苦与孤独。不幸的是，这可能会导致你容忍伴侣不可接受的行为，咽下你的愤怒，忽视自己的需求（或加剧这种倾向）。这通常被称为依赖共生行为（依存者通常通过关注他人的需求和问题来逃避自己的问题）。

通过牺牲自己的需求、容忍不可接受的行为，你实际上并没有帮助到患有边缘型人格障碍的伴侣。事实上，这反而助长或强化了伴侣的不当行为。由于她们没有看到自己行为的负面后果，她们也就没有了改变的动力。

（2）识别伴侣的触发因素

边缘型个体往往会对某些情境、言语或行为产生自发的、有时非常强烈的反应——这些情境、言语或行为被称为触发点。了解伴侣的触发点有助于你避免一些冲突。既然感知到抛弃是边缘型人格障碍患者一个重大的触发点，你需要意识到，设定边界很可能会被对方视为拒绝。你在关系中的独处需求，也很可能会被对方解读为你正在疏远她，甚至视为结束关系的信号。了解这一点有助于你预见对方的反应，在她有所反应时对她的感受保持敏感，同时帮助你保持冷静，不被卷入她的内心戏中。当然，你不可能一直避免所有的触发点，而且你必须记住，伴侣的行为是她自己的责任，不是你的。请参阅第 11 章中常见的边缘型人格障碍触发点。

（3）尝试找出伴侣行为中的模式

如果你知道要关注什么，一些患有边缘型人格障碍的人实际上是相当可预测的。例如，你可以注意对方愤怒、抑郁或焦虑发作时的周围环境。是否有诸如特定时间、饮酒（你饮酒或对方饮酒），或者特定人物在场等因素？与看似无端的行为相比，可预测的行为更容易处理。花时间了解你的伴侣和她的情绪将帮助你更好地理解她，避免冲突，并有助于你不再将她的爆发视为针对你个人的行为。

（4）确定你的底线，并设定适当的边界

请参阅第 5 章，了解如何确定你的底线并设定边界。

（5）寻求现实核查

如果你开始感到困惑，怀疑自己是否真的如伴侣所说，存在行为或态度上的错误，请向亲密的朋友或家人寻求核实。尽管我们通常不建议将第三方牵扯进两人的关系中，但在你的情况下，这可能是你唯一能够弄清真相的方式：哪些是关于你的真相，哪些是伴侣的投射或幻想。由于边缘型个体很可能对他人非常敏锐，也许她们是唯一知道真相的人，这种情况下你可能会更加困惑。

例如，你的伴侣可能会向你抱怨你对她的需求不够敏感，过于关注自己。你可能并不觉得这是真的，因为你花了很多时间试图让她开心，但在反复听到这种抱怨之后，你可能会开始怀疑自己的认知。这时就需要进行现实核查。你很可能确实比较自我中心，因为那些患有边缘型人格障碍的人和患有自恋型人格障碍（特征是以自我为中心）的人常常彼此吸引。但也有可能是你的伴侣在投射（将她否认的特质归咎于你），或将你与她的父母混为一谈。当然，你不能总是指望朋友或家人能一直告诉你真相，但如果你让他们知道这很重要，并且你会感激他们的诚实，他们很可能会告诉你他们真实的看法。虽然你与朋友和家人的相处方式可能和与伴侣的相处方式不同，但他们很可能在许多不同的情境下观察过你，包括在你与前任的相处中，因此你大抵可以信任他们对你的看法。

（6）镜映伴侣的投射，而非吸收

患有边缘型人格障碍的人倾向于将自己的感受投射到他人身上，尤其是伴侣身上。许多伴侣倾向于接受这些投射，吸收对方的痛苦和愤怒。《与内心的恐惧对话：摆脱来自亲人的负能量》一书的作者保罗·梅森和兰迪·克莱格称之为"海绵效应"（sponging）。与其像海绵一样吸收，不如尝试像镜子一样——将伴侣的痛苦感受反射回去。这一点很重要，因为大多数患有边缘型人格障碍的人都会感到自己被深深地误解，在成长过程中她们的情感很少或根本没有得到过承认。当你像镜子一样，用言语映射出她们的感受时，这是对她们感受的一种确认。例如，你可以说："我听到了。你觉得我忽视了你，是因为我一直忙于工作。"

（7）抽离：如果边界未被遵守，或者你或伴侣开始失控

如果你的伴侣无法尊重或拒绝尊重你设定的边界，或者局面开始失控，最好的做法是在情感上或身体上抽离。如果你发现自己的观点触发了伴侣或让她变得愤怒，请不要固执地继续坚持己见。在她的情绪状态下，她无论如何都无法真正听取你的意见或理解你的角度，如果你坚持，她可能会采取辱骂、人格诋毁或自杀威胁等极端行为。而且，不要仅仅因为伴侣想继续讨论，就认为自己有义务继续参与一个已经演变成争吵的对话。以下是一些关于如何抽离的建议：

- 改变话题或拒绝继续讨论；
- 坚决地说"不"，并坚持到底；

- 必要时离开房间或住所；
- 如果讨论或争吵发生在电话中，挂断电话，并在她回拨时拒绝接听；
- 停车或拒绝继续开车，直到伴侣冷静下来；
- 暂时不与伴侣见面；
- 建议在心理治疗中继续讨论。

　　有时，当你的伴侣完全失去控制时，这些建议可能都不起作用。你提出暂时搁置讨论的建议或试图走开的行为可能会被解读为拒绝或抛弃，你的伴侣可能会变得愤怒，试图阻止你离开，或威胁自杀。在这些情况下，你应该停止自行处理状况。如果你的伴侣正在接受心理治疗，请联系她的治疗师。如果没有，请拨打危机热线。如果她威胁对你或自己施加暴力，请报警。

　　边缘型人格障碍是一种严重的人格障碍。许多患者不仅会威胁自杀，而且实际上也会付诸行动。有些人在感到被激怒时还可能会变得极其暴力。非常重要的是，如果你在尝试应对这种情况时发现你试图阻止情感虐待的努力似乎让伴侣非常生气，乃至对方开始威胁你或她自己的生命安全，你应该尽快寻求外部专业心理健康专家的帮助。

（8）明确区分可控与不可控因素

　　在情感交流时，无论你多么努力，患有边缘型人格障碍的伴侣可能都无法在讨论或分歧中给出如你期望般的回应。这是超出你控制范围的事情。然而，你能够掌控的是：面对当下情境你的反应方式，你是否在关系中尽了全力照顾自己，以及你是否已经为消除关系中的情感虐待尽到了自己的那份责任。

（9）直面并解决自身问题

如果你是位依赖共生者，你可以考虑加入依赖共生匿名协会（CoDA，Co-Dependents Anonymous），阅读相关书籍，或寻求心理治疗以帮助自己走出困境。若你面临控制欲过强的问题，尤其是那种渴望取悦所有人的心态，请深入探索这一需求的根源，以免继续背负让伴侣幸福的沉重责任。有时，我们过于专注他人的需求，可能是为了回避自身未解决的议题，或者由于父母的影响而误以为让他人快乐是自己的天职，又或者，这是一种我们逃避直面自身不快乐的努力。如果你自尊心低，建议你接受心理治疗，以探寻根源，并找到建立自信、改善自我形象的方法，从而更加自如地摆脱个人情绪的束缚，有效抵御伴侣的指责。

（10）避免将所有关系问题都归因于伴侣的边缘型 人格障碍

在急于将伴侣的激烈反应简单归咎于其边缘型人格障碍的症状之前，请先反思一下，你自己的行为是否可能引发他人的不满。如果你们的关系在经历一个困难时期，如伴侣深感不安的时刻，请问问自己，你的行为或态度是否可能加剧了这种困境。当伴侣对你提出指责时，先别急于将其视为她一贯的苛责和无端指控，而应冷静思考，她的批评中是否含有合理的部分。边缘型人格障碍患者往往拥有敏锐的直觉，对诸如肢体语言、语气等微妙线索异常敏感，甚至能在对方意识到之前捕捉其情绪波动。因此，坦诚地面对自己的真实感受，勇于承认，这不仅有助于增进伴侣对你的信任，还可能有效化解潜在的激烈冲突。

记住，关系中的问题从不是单方面的责任。通过正视并承认你的行为可能如何影响或加剧问题，你实际上在为伴侣树立一个积极健康的处理模式。但同样重要的是，不要承担不属于你的责任。尽管我们不应将所有问题归咎于伴侣的边缘型人格障碍，但也应警惕，不让伴侣将所有关系难题的矛头指向你。

确认伴侣是否患有自恋型人格障碍

近年来，自恋受到了社会各界的广泛关注。这是一个非常积极的发展，因为自恋是许多虐待行为的根源，也是成瘾行为的深层核心。在普遍观念中，自恋个体被描绘为拥有超常自尊、自我感觉极度膨胀的人。然而，颇具讽刺意味的是，那些真正罹患自恋型人格障碍（NPD）或有明显自恋倾向的人，其内心深处实则隐藏着极低的自尊。

根据自恋研究领域的权威专家詹姆斯·马斯特森博士（Dr. James Masterson，1988）的见解，自恋者在外表上往往展现出一种高傲、张扬、自信满满且固执己见的姿态，他们周身似乎环绕着事业和人际关系的成功光环。自恋者看似拥有一切——才华、财富、美貌、健康、力量以及一种明确自身所求并知道如何达成的坚定信念。

尽管自恋者表面上显得自给自足，实则他们对他人的依赖远超常人。但承认这种依赖，承认某个人或某段关系的重要性，会迫使其直面内心的匮乏感，激发难以承受的空虚、嫉妒和愤怒。为了规避这种情感冲击，他们必须找到一种方法来满足自己的需求，让自己既无须承认自己的需求、也无须认可那些能满足自己需求的人。而物化他人或将人视为满足自身需求的工具，往往就成了他们达成该目的的方式。

自恋一词，源自希腊神话中的纳西索斯（Narcissus），他无休止地凝视着湖面上自己的倒影，沉醉于自己的美貌之中无法自拔，最终饥饿不堪，落入水中，再不为人所见。尽管这则神话并未直接刻画典型的自恋者形象——自恋者往往试图将自己塑造得比实际认知中更加美丽、成功或强大——但它确实揭示了自恋者典型的自我中心特质。

自恋者缺乏构建真实自我的渴望，他们所钟爱的是那个虚构的自我形象——一个只愿拥抱生活中愉悦、幸福与美好的自我形象。这种执着使得他们隔绝了自己与愤怒、嫉妒、羡慕等复杂情感及生活百态的真实接触。这种拒绝面对生活的消极面的态度是自恋者的鲜明特征。对于他们而言，生活体验的一部分在无意识中被隐藏起来，难以触及。

自恋者在人际交往中通常显得冷漠，社会关系往往浅尝辄止。由于无法正视自己对他人的需要，他们几乎无法体验到真正的感激之情。相反，他们倾向于通过贬低所获得的"礼物"或贬低给予者的方式来抵御这份情感。在需要留下深刻印象的场合，他们或许能展现出迷人的魅力，并且在社交需要时也会说一句机械的"谢谢"，但这样的言辞缺乏真诚，并非发自内心。

在与配偶及家人相处时，自恋者甚至不愿假装出丝毫的感激之情。他视他们为己有，认为他们理应满足自己的所有需求。配偶与孩子们的竭力取悦，非但得不到赞赏，而且一旦未达到其标准，便难逃指责。

自恋者倾向于选择同样自恋的伴侣，或是那些自卑、存在感低、习惯隐匿于关系中的伴侣。这样的选择正合他意，因为他本就不愿承认他人的存在。只要没有人打破他自己的茧壳，自恋者便不会意识到自身严重的人格问题。他自我感觉拥有一切，且周围人也往往附和，因为他已精心筛选了那些能强化他自我认知的人进入他的世界。

尽管自恋者散发着自负的气场，沉浸在自我满足的泡沫之中，其内心实则极其脆弱。他极易因外界对待自己的方式而感到被冒犯（例如，没有给予他足够的尊重；不够欣赏他），常常觉得自己遭受了不公。这看似是他内心问题的唯一迹象，但请不要被误导——自恋型人格障碍是一种严重的心理障碍。尽管自恋者可能感觉不到自身生活空虚，但其行为与态度却给所有亲近之人带来了深重的痛苦。那些患有自恋型人格障碍或具有明显自恋特质的人，通常只在未能实现自己的宏伟目标，或是周围环境无法支撑其幻想时，才会考虑寻求治疗。此时，他们可能会陷入抑郁，进而寻求心理治疗以减轻内心痛苦。

问卷：你的伴侣是否存在自恋倾向？

1. 你的伴侣是否常常沉浸于个人兴趣与项目中，对你的事情几乎没有兴趣？即使他偶尔表现出关心，这种关心也是转瞬即逝的？

2. 你的伴侣是否热衷于成为众人瞩目的焦点？当别人发言时，他是否会显得不耐烦或没礼貌？是否倾向于把话题重新引回自己身上？

3. 你的伴侣是否认为自己理应受到你和其他人的特殊优待？

4. 你的伴侣是否显得对他人缺乏同理心和同情？尽管他希望别人能感受到他的不易，但他是否很难体会到他人的痛苦？

5. 你的伴侣是否坚信自己的观点和信念绝对无误，而认为其他人（包括你）无法理解其深意？

6. 你的伴侣是否自视比大多数人更聪明、时尚、有魅力或有才华？

7. 在讨论任何话题时，你的伴侣是否过度地需要证明自己是对的？他是否会想方设法地证明自己的观点正确无误，甚至胁迫对方让步？

8. 当你的伴侣渴望某样东西时，是否会展现出迷人的魅力、诱惑力，甚至带有操纵性，但在达成目的后就变得冷淡或不屑一顾？

9. 你是否因为频繁发现伴侣夸大其词、编造谎言，而开始失去对他的信任？有时，你是否甚至怀疑他其实是个狡猾的骗子？

10. 你的伴侣是否常常表现出高傲、自负、浮夸或虚荣的特质？

11. 你的伴侣是否会以极具侮辱性或居高临下的态度对待他人（包括你）？

12. 你的伴侣是否习惯于指责、贬低或嘲讽别人？

13. 当事实表明你的伴侣错了，或有人敢于直接指出他的不当行为时，他是否会勃然大怒？

14. 你的伴侣是否坚持要求别人以特定方式对待他，包括餐厅的服务员、商店店员，甚至是自己的伴侣和孩子？

15. 你的伴侣是否经常抱怨别人未能给他足够的尊重、认可或赏识？

16. 你的伴侣是否经常挑战权威，或很难与权威人物及任何处于控制或权力地位的人和睦相处？他是否经常指责掌权者，并暗指自己能够做得更好？

17. 你的伴侣是否很少或从未承认你为他所做的一切，也不曾向你表达过感激之情？

18. 你的伴侣是否几乎对你做的所有事情都吹毛求疵、挑三拣四？

19. 即便你的伴侣被迫承认你为他所做的事情，他是否总是会以某种方式贬低其价值，或暗示这些并未真正达到他的期望？

20. 你的伴侣是否将大量精力聚焦在获取财富、认可、知名度或名望上？

如果你对超过一半的问题给出了肯定的回答，那么你的伴侣可能患有自恋型人格障碍，或具有明显的自恋型人格特质。想要了解有关自恋型人格障碍的更多信息，请参阅下一章以及本书末尾的推荐书目。

应对并终止情感虐待的策略（NPD 型）

当前研究表明，至少可以将自恋型人格障碍细分为三种不同的亚型：（1）浮夸、外显的自恋者，（2）脆弱、隐蔽的自恋者，以及（3）恶性自恋者。

浮夸、外显的自恋者以大胆、傲慢和自命不凡的性格特质为特点。这类自恋型人格障碍患者可能尤其缺乏同理心，有攻击性，容易剥削利用他人，且喜欢自我炫耀。此外，他们还需要不断获得过度的赞扬和关注。

脆弱、隐蔽的自恋者则以高度敏感和防御性为特点。这种类型的自恋者常常充满焦虑，需要大量的支持性关注。这类自恋型人格障碍患者可能会积极寻求认可，而一旦得不到认可，就会在社会交往中退缩。

尽管大多数自恋者并非有意虐待他人，但**恶性自恋者**却是有意为之。此类型被视为自恋型人格障碍中最为严重且对他人最具危害性的，他们的自我中心有着非常阴暗的一面。这类个体极具操纵性，为了实现个人目的，不惜伤害任何人。除了具有自恋型人格障碍的普遍特征外，他们还展现出反社会特质，甚至带有虐待狂倾向，并常伴有偏执特征。虽然许多自恋者仍有改变的可能，但如果你的伴侣符合恶性自恋者的特征描述，那么他或她改变的可能性则微乎其微。

在与自恋者或具有明显自恋特质的人交往时，重要的是要不断提醒自己，这类人往往缺乏对自身行为的觉察。尽管他们的诸多行为可能被视为情感虐待（例如傲慢无礼、轻视他人、自以为是），但多数情况下他们并非故意让你感到不快（恶性自恋者除外）。实际上，自恋者的核心目标是自我满足，即使这意味着牺牲他人的感受。他们的冷漠、霸道及那些无情的评价看似故意伤害，但其实多数情况下，他们根本对你的感受毫无兴趣。大多数自恋者对他人和他人的感受都漠不关心。唯有当你以下列任一方式打破现状时，你才会显得重要：

- 他有求于你，或意图从你这里得到某些东西。
- 你当面对他提出质疑。
- 你威胁或提出要改变现状。
- 你威胁或提出要结束关系。

因此，至关重要的是，不要将自恋型个体的言行视为针对你个人的攻击。诚然，这点极具挑战。但是，你可以尝试记住这一点，在自恋者的世界里，他是宇宙的中心，而周围人不过是环绕其旁的卫星。这并不意味着他缺乏情感或无法关怀他人，但的确表明他永远会将其个人需求放在第一位。

大多数自恋者（再次强调，恶性自恋者除外）往往只在感到被指责或威胁时（例如，你质疑他们的能力、学识，指出他们的错误，或挑战他们的权威），才会故意伤害他人。此时，你会感受到他们的全部怒火。他们能以最尖锐的语言，在瞬间将你伤得体无完肤。

以下是一些建议和策略，有助于减轻与自恋者建立关系时可能遭受的情感虐待：

1. 认识到自恋型人格障碍患者对个人空间有着极高的需求。如果你过度亲近，他会感到压迫，并会向你发怒以拉开距离。

2. 一旦他开始指责你，请务必立即指出这一点。你越是纵容他的指责，他越是会轻视你，指责也会愈加频繁。自恋者只尊重那些在他们眼中与自己平等的人。尽管他们可能寻求能让自己感到优越并能控制对方的关系，但这些人在他们眼中不过是傀儡。要让自恋者真正关心另一个人，前提是获得他的尊重。

3. 开始意识到他对你的指责可能意味着：
   - 他试图与你保持距离。
   - 他对自己感到不满。
   - 他在试探你，看你是否能与他平起平坐。
     切记，不要通过提问或争论而落入指责的陷阱。直接指出他指责的态度，并询问他是否需要更多私人空间。

4. 如果你有所不满，请明确而坚定地表达。避免拐弯抹角或试图以"体贴敏感"的方式委婉地表达。这只会激怒他。同样，也不要一味抱怨。自恋者厌恶他人的抱怨或受害者姿态，一旦如此，他们将彻底失去对对方的尊重。

5. 在你表达不满时，紧接着要明确地指出你希望他如何改变。例如，你可以这样说："我不喜欢你无视我的评论，仿佛我的话毫无价值。我的观点与你的一样重要。"

6. 不要让自己被伴侣迷惑或利用。只做自己真正愿意做的事，不要让自己被说服去做那些你并非真心想做的事。

7. 主动承担更多责任，为自己争取发声的机会。不要只是耐心坐着，听他滔滔不绝地谈论自己或他的项目，而是告诉他你也希望聊聊你的事。如果他表示拒绝，你可以试着说："我已经听你说了很久了，如果你能让我也说说话，我会很感谢你。"如果这个方法不奏效，你可以直接表达："我厌倦了只听你说，而我自己却得不到倾听。我现在要离开了。"

8. 要认识到，虽然他能够随意指责别人，但他却无法承受他人的批评，尤其是那些会揭开他的伪装、暴露他表象之下的脆弱和弱点的批评。事实上，即使是建设性的批评，也会被自恋者视为深刻的伤害。这种伤害性对自恋者而言是如此深刻而独特，以至于心理学上专门有一个术语——"自恋损伤"（narcissistic wounding）来描述它。因此，当你提出建议或指出某些事实时，如果他将之视为指责而反应强烈，你也无须意外。他可能会勃然大怒，愤然离去，或者采用冷暴力的方式。如果你希望缓解冲突，稍后可以尝试对他说："我并不想伤害你的感受，只是希望能提出一个建议。"或者你也可以说："如果我的话伤害了你，我很抱歉，我只是想指出一些可能对你有帮助的事情。"

9. 尽管他可能对此很敏感，但你仍须坚决制止自恋者的任何虐待行为。尽管他可能并非故意伤害你，且他可能会在当下做出消极的反应，但唯有直面问题才是终止虐待、获得或维持他对你的尊重的唯一途径。

10. 如果他确实在行为上展现出了积极的改变，务必予以肯定。但请避免过分强调，以免让他感觉过于脆弱，使其自尊心作祟，导致他又对你产生不满。只需简短地认可他的改变，并感谢他所做的努力即可。

遗憾的是，一旦自恋者失去了对你的尊重，想要重新赢得这份尊重几乎难如登天。这很大程度上取决于你过去多大程度上纵容了他的控制或虐待行为，你是否曾低声下气、苦苦哀求，以及你多大程度上让他看到了你的寻求和脆弱。如果他对你没有任何尊重的迹象——你说话时他叹气、翻白眼，你尝试反抗时他嘲笑你，甚至挑衅你离不开他——那么重获他尊重的可能性微乎其微，而这段关系中的虐待也会持续。此时，你最明智的选择是努力积聚力量，以结束这段关系。如果你选择留下，你需要勇敢地面对并制止他的攻击与虐待，同时，你要努力建立强大的自我意识，确保伴侣无法侵蚀你的自我认同。

最后，你的内心可能充满了愤怒和羞耻——因不被爱而感受到的羞耻，因长期忍受对方的羞辱而产生的羞耻，以及因自身的屈服和所经历的一切而产生的羞耻，请及时寻求专业帮助，以克服这些感受的困扰。

你是否应该告诉伴侣，你怀疑他患有人格障碍

通过阅读本章内容，并意识到伴侣可能正面临人格障碍的困扰后，你或许急切地想要与他分享这一发现。这份心情可以理解，得知伴侣行为背后的原因，可能确认了你的感受，让你有所释然。你或许还认为，伴侣在得知真相后也会感到释然。然而，现实往往并不如此乐观。多数情况下，伴侣的反应会是愤怒与防御，更有甚者，可能会因羞愧与绝望而做出伤害自己的行为。

一般而言，个体最好是通过治疗师，而非伴侣，来了解自己可能存在人格障碍问题。唯一的例外是当你的伴侣正在积极寻求理解自己行为及情感根源的答案时。如果你确实认为

有必要与伴侣分享这些信息，请务必以充满爱意与关怀的方式来进行。

　　我撰写本章的初衷之一，便是赋予这两种人格障碍更多人性化的色彩，它们已经被媒体乃至部分专业人士妖魔化了，导致公众视人格障碍患者为无可救药的异类。这绝非事实。那些患有边缘型人格障碍或自恋型人格障碍的人，与患有抑郁症或精神分裂症的人一样，患有疾病。而许多这样的患者，在童年时期都曾遭受过情感、身体或性方面的虐待。由于对边缘型人格障碍和自恋型人格障碍的相关描述往往颇为负面，因此，被确诊为这些障碍的人往往会感受到被污名化的压力。因此，我们更需要认知到，他们患有这些障碍，而不等同于这些障碍。

　　了解你的伴侣患有人格障碍能够解释很多问题。这并不能为他们的行为开脱，但提供了一种理解他们行为的框架。通过了解人格障碍及其可能的成因，一些人可以获得对这类伴侣的同理心，而这是他们尝试解决关系问题所必需的。当然，对于另一些人而言，这或许意味着他们现在拥有了一个合理的理由选择结束这段关系，而在某些情境下，这或许是最佳的选择。

　　请注意，得知伴侣患有人格障碍，绝不应成为你忽视自身问题、逃避关系中责任的借口。这一点之所以关键，是因为许多人格障碍患者的伴侣，自身也患有人格障碍。

当双方都受到人格障碍影响时

　　两个患有人格障碍的人相互吸引，这一现象其实颇为普遍。而边缘型人格障碍与自恋型人格障碍的组合，最为常见，问题也最复杂。这种配对的形成背后有着多重原因。首先，这两种障碍的根源在本质上往往相通——均源自童年时期所经历的严重忽视、抛弃、情感虐待，乃至身体与性虐待。实际上，个体同时展现出边缘型人格障碍与自恋型人格障碍倾向的情况并不少见。那些患有边缘型人格障碍与自恋型人格障碍或表现出明显倾向的人，在许多方面上就像是能在拥挤人群中识别出彼此的同道中人。很多时候，我们对伴侣所承受的痛苦的识别和共情，可能甚至超越了我们对自身痛苦的感知。

其次，尽管这对组合中的双方都在童年经历了相似的忽视与虐待，但他们对苦难的反应与应对策略却截然不同。边缘型个体常常淹没在自己未得到满足的需求中，并不断地试图从他人身上寻求慰藉。她仿佛变色龙般，通过模仿所钦佩之人的特质，塑造自己的身份。相反，自恋型个体则否认自身需求的存在，退缩进自己的内心，展现出一种自给自足的假象。边缘型个体会仰慕自恋者那份看似独立坚强的外表，而自恋者则在边缘型个体身上窥见了自己内心的脆弱与需求，以一种奇异的方式欣赏她的这份真实。

这种组合之所以如此棘手，部分原因在于自恋型人格障碍患者往往极度自我沉醉、自我中心，且缺乏同理心；而边缘型人格障碍患者则极少或根本不设立界限，并倾向于过度同情他人。在这种情况下，边缘型人格障碍患者会频繁感到受伤，因为自恋型人格障碍患者很少或根本不关注她，看上去对她的感受漠不关心。反之，自恋型人格障碍患者会因边缘型人格障碍患者持续索求关注的行为而恼怒，并会试图通过欺凌让对方屈服。由于边缘型人格障碍患者往往在他人身上寻找自我认同，缺乏自己坚定的观点、价值观或个人界限，久而久之，她会对自己的感受愈发质疑。

当双方均受人格障碍困扰时，为维系关系，双方均须理解自身及伴侣的问题所在。凭借这份新的理解，结合本书教授的特定应对策略，以及专业心理治疗师的帮助，你们有望消除关系中的情感虐待。

推荐电影

《致命诱惑》（*Fatal Attraction*，1987），尽管情节较为极端，但它确实刻画了一种边缘型伴侣的典型形象。

《体热边缘》（*Malice*，1993），作为另一个极端例子，展现了自恋者为追求财富或地位可能会不择手段。

第 11 章

如果你的虐待行为源于
人格障碍

"当痛苦得以表达并获得确认时，原本难以承受的感受也会变得可以耐受。然而，边缘型人格障碍个体在童年时期并不曾获得过这样的回应，因此，他们仿佛被困在过去，不断寻求儿时所需——那份对难以承受之痛的理解与确认。"

——克里斯汀·安·劳森（Christine Ann Lawson）

"尽管世间充满苦难，却也遍布克服苦难的力量。"

——海伦·凯勒（Helen Keller）

当你阅读上一章时，你或许会惊讶地发现自己的某些行为与书中的描述相吻合。尽管该章旨在帮助你判断你的伴侣是否患有人格障碍，但你可能发现，遭受边缘型人格障碍或自恋型人格障碍困扰的，可能是你的伴侣，也可能是你自己，甚至是你们双方。

本章将逐步引导边缘型人格障碍或自恋型人格障碍患者学习如何努力克制对伴侣实施情感虐待的行为特征与倾向，并探索如何在关系中更好地照顾自身需求。尽管本章专为面临此类障碍的人士撰写，但正如第 10 章所述，我同样鼓励你的伴侣也阅读本章，以便更深刻地理解人格障碍患者所面临的独特困境与挑战。

边缘型人格障碍或自恋型人格障碍均背负着污名，然而，实际上许多人都在遭受这两种障碍的困扰。这两种障碍之所以被视为我们这个时代的人格障碍，或许与双亲家庭减少、单亲母亲在育儿与生计间挣扎的情况增多，以及各种形式的儿童虐待事件在逐年上升等社会现象紧密相关。普遍观点认为，这些人格障碍的根源或影响因素包括不充分的养育、父母的忽视与抛弃，以及儿童时期的虐待。

这两种障碍已经承受着污名，加之公众教育的缺失，导致人们所能接触到的相关信息不仅有限且常常具有误导性，进一步加剧了对它们的污名化。例如，"自恋者"一词常被轻率地用来形容那些看似只考虑自己、自我评价过高，或过分关注外表并自认为极具魅力的人。然而，真相是，自恋型人格障碍或具有自恋倾向的人，往往是为了掩饰内心极度的不足与自卑感，才发展出极端自信的表象的。

在电影《致命诱惑》中执着追求旧爱的女主角被传出患有边缘型人格障碍后，公众开始将边缘型人格障碍患者与跟踪、暴力及虐待等行为联系在一起。诚然，部分极端的边缘型人格障碍患者可能展现出暴力倾向和跟踪行为，但大多数边缘型个体并非如此。保罗·梅森和兰迪·克莱格（2020）在其著作《与内心的恐惧对话：摆脱来自亲人的负能量》中，将这类个体定义为"非典型"边缘型人格障碍患者，他们往往容易被忽视，游离于专业人士的关注之外。然而，他们的行为对关系的破坏力，有时并不亚于典型的边缘型人格障碍患者，因为他们的核心特征在于拒绝正视自身问题，而将关系中的所有问题都归咎于伴侣。

你们中有些人或许已经知晓自己是否患有人格障碍。近年来，越来越多的医疗专业人士选择向患者分享这一诊断。过去十年间，不仅涌现了大量面向公众的关于边缘型人格障碍与自恋型人格障碍的书籍，也出现了众多专为此类障碍困扰者服务的网站。

对于那些怀疑自己可能患有边缘型人格障碍或自恋型人格障碍，但尚未得到明确诊断的读者，本章提供的信息与问卷或许可以为你提供一些帮助。当然，为了获得确切的诊断，你需要寻求有资质的医疗专业人员的帮助。本书最后一章会教你如何找到这样一位专业人员。

你是否患有边缘型人格障碍

　　我的理念是，知道总比不知道好。知道自己是否患有疾病或障碍，总比盲目前行，假装一切正常要好——尤其是当你正在令你所爱之人受苦时。越早发现自己的问题所在，就越能及时获得所需的帮助。根据《精神障碍诊断与统计手册（第五版）》，边缘型人格障碍的特征是一种普遍存在的，涉及人际关系、自我形象和情绪（心境）的不稳定模式，以及从成年早期开始在多种情境下表现出来的明显冲动性，具体表现为至少以下五项或更多症状：

1. 极力避免真正的或想象出来的被遗弃（注：不包括下方第五项中所述的自杀或自伤行为）。
2. 一种不稳定的、紧张的人际关系模式，以极端理想化和极端贬低之间的交替变动为特征。
3. 身份紊乱：显著且持续的不稳定的自我形象或自我感觉。
4. 至少在两个方面有潜在自我损伤的冲动性（例如，消费、性行为、物质滥用、行窃、鲁莽驾驶、暴食）（注：不包括下方第五项中所述的自杀或自伤行为）。
5. 反复发生自杀行为、自杀姿态或威胁，或自伤行为。
6. 由于显著的心境反应所致的情绪不稳定（例如，强烈的发作性的烦躁，易激惹或是焦虑，通常持续几小时，很少超过几天）。
7. 慢性的空虚感。
8. 不恰当的强烈愤怒或难以控制的发怒（例如，经常发脾气、持续发怒、重复性斗殴）。
9. 短暂的与应激有关的偏执观念或严重的解离症状。

　　请参考第 10 章中的问卷，以进一步帮助你确定自己是否患有此障碍或具有边缘型倾向。

边缘型人格障碍如何导致情感虐待行为

　　那些患有边缘型人格障碍或展现出明显边缘型倾向的人，往往倾向于将自己的感受、行为或认知特征投射或转移给他人，这使得他们容易变得在情感上具有虐待性。投射是我们时不时都会使用的一种防御机制，但边缘型人格障碍患者会过度使用投射。由于边缘型个体经常被自我批评、自我厌恶和自责所淹没，且他们往往难以控制这些情感而不引发严重后果（如深度抑郁、自残或自杀尝试），因此，他们倾向于将这些自我憎恨的情感投射到他人身上。这可能导致边缘型个体对他人，尤其是对最亲近的人，表现出极度的挑剔或评判。当边缘型个体感觉自己有问题时，她们会指责别人不称职和无能。通常，她们的自我厌恶会以言语上的虐待、持续的指责或不合理期待等形式出现。

　　边缘型人格障碍患者倾向于将自己的感受和想法归咎于他人。他们经常将对自己的自我厌恶投射出去，认为他人（特别是伴侣）对她们的行为不认可，或是对她们性格的某些方面持评判或挑剔态度。这可能导致她们变得几近偏执，总是假设伴侣在指责她们，而实际上，对方可能只是在表达个人的偏好或观点。

　　以下是一些典型的边缘型投射的示例：

- 你认为我太愚蠢，无法理解（我害怕自己太愚蠢，无法理解）。
- 你觉得我不漂亮（我觉得自己不漂亮）。
- 你认为我做得不好（我认为自己做不好事情）。

- 你认为我对孩子太没有耐心了（我害怕自己对孩子太没有耐心了）。
- 你在工作上花费太多时间，这样你就不用和我在一起了（我都不想和自己在一起，怎么会有其他人会愿意和我在一起呢）。

由于边缘型人格障碍患者从心灵深处觉得自己很糟糕，所以他们无法想象怎么会有人爱她们。这可能导致她们不断寻求伴侣的保证和爱的证明，并表现出极度的嫉妒和占有欲。她们常常要求伴侣完全的关注，并在没有任何证据显示不忠行为的情况下，指责对方有外遇。

切尔西：五十步笑百步

投射还有另一种作用方式。如果你患有边缘型人格障碍，你可能会指责伴侣做了你实际上正在做的事情。例如，切尔西（Chelsea）经常向她的朋友们抱怨她的丈夫兰德尔（Randall）——他多么忽视她，几乎每晚加班，到了周末又太累，不能陪她一起去任何地方。但这并没有减轻她对于兰德尔会在私下议论她的担心。"我敢打赌，每次给你妈妈打电话时，你都在抱怨我。"她会这样指责兰德尔。当她打电话到丈夫公司，由秘书接听时，她会指责他让秘书与她为敌。"不然她为什么对我总是这么冷淡、正式？"她会质问兰德尔，"你肯定跟她说了我的坏话，才让她像现在这样不喜欢我。"

边缘型人格障碍患者常见的性格特征

除了投射外，如果你患有边缘型人格障碍或具有明显的边缘型倾向，那么你的性格中还有许多其他的方面可能导致虐待行为的发生。这些性格特征包括：

* **经常感到不恰当的强烈愤怒或无法控制地发怒。**这体现在频繁发脾气、突然爆发、经常处于愤怒状态、卷入肢体冲突。

* **具有控制伴侣和环境的需求。**由于自身常常感到失控，边缘型人格障碍患者有控制他人的需要。为了营造一个更加可预测和易于管理的世界，你可能会对伴侣发号施令，要求对方按照特定的方式做事，坚持要掌握主导权，或试图"改造伴侣"。

* **极度害怕被拒绝或被抛弃。**这种恐惧可能导致你表现出极强的占有欲、嫉妒心和控制欲，或以极端甚至过激的方式做出反应，例如当伴侣告知即将出差时突然大发雷霆，或当女友威胁要结束关系时绝望地纠缠不放。

　　同样，这种对抛弃的恐惧可能会使你变得过度警觉，总是在寻找任何可能表明伴侣并不真正关心你的线索。当你的恐惧似乎得到证实的时候，你可能会突然大发雷霆，提出过激的指控，寻求报复，或投入某种自毁行为。

* **倾向于在理想化和贬低一个人之间交替变换态度，或将一个人视为"全好"或"全坏"。**只要你感觉伴侣对你足够关注，欣赏你的努力并以令你尊重的方式行事，你就可能将他视为"全好"。但一旦情况发生变化，一旦他拒绝你，不赞同你的某些行为，或做了你不赞同的事情，你可能就会迅速转变态度，将他视为一无是处的"全坏"。这可能会导致你有时当着别人的面贬低或责骂他（人格攻击），或者威胁要离开他（情感勒索）。

* **情绪在短时间内发生戏剧性的变化**（例如，被情绪淹没或对感受麻木，这可能表现为极端沉默或爆发性的尖叫）。以

下这些人格特质会在很大程度上加剧这种情绪波动。

* **倾向于遗忘你在此刻之前的感受。**这种围绕情绪的遗忘会让你难以记住过去的经历，使你意识不到痛苦是暂时的，是可以被承受和克服的。无论你此刻的情绪状态如何，你都可能感觉这种感受会无限期地持续下去，无法回想起自己曾经有过的不同的情绪体验。因此，你与伴侣的最后一次互动往往被视为整段关系的缩影。一次不愉快的经历，就可能让你忘记与伴侣共度的所有美好时光，进而让你威胁要结束关系。由于这种非黑即白的感受特质，使得你的失望往往会转变为愤怒，而这种愤怒可能会以发脾气或身体攻击的形式发泄到他人身上。（愤怒也可能以自虐、自伤、自杀威胁或自杀行为的形式转向自身。）

* **你的情绪可能变得如此强烈，以至于扭曲了你对现实的感知。**你可能会想象他人——包括你的伴侣故意迫害你。你可能指责伴侣与他人密谋对付你或故意试图激怒你或对你不利，而实际上，他可能只是让你失望了。

* **你可能会诉诸**酒精、药物、暴饮暴食、冲动性行为、强迫性购物、赌博、入店行窃或其他行为，作为快速缓解痛苦和看似无休止的情绪（比如孤独和愤怒）的方法。在酒精或药物的影响下，你可能会在情感甚至身体上对伴侣表现出虐待行为。

* **情感勒索。**每当发生争执或分歧时，你可能都会威胁结束关系、搬出房子或把伴侣赶出家门。虽然你可能在冷静下来后会立即改变主意，但你的威胁已经对伴侣和你们的关系造成了影响。边缘型人格障碍患者还会威胁自伤或自杀，以让伴侣回心转意或做出让步。

* **难以预测的反应。**由于不稳定的自我感知，你也可能为伴侣设置无解的局面。你可能这次对伴侣的某种行为做出一

种反应，而下一次则做出完全不同的反应。或者你可能会
要求伴侣以某种方式对待你，而当他这样做时，你却对他
大为光火。这样一来，你让伴侣完全不知所措，因为他无
法预测你的反应，他可能会逐渐开始感觉自己无论做什么
都是错的。

* **持续制造动荡。**你的不安全感、指责、嫉妒、占有欲、情绪
爆发和抑郁，都在关系中制造了持续的动荡和戏剧性。你挑
起争端，感到沮丧并哭泣数小时；然后你想和好如初，好像
什么也没发生过，并乞求伴侣重新接纳你。你可能今天讨厌
伴侣，明天又爱他。你可能会出于被抛弃的恐惧而黏着伴侣，
又因害怕窒息感而推开伴侣。边缘型人格障碍患者或具有边
缘型倾向的人经常会感受到强烈的焦虑和持续的紧张，或感
觉自己的内心狂风大作。这种焦虑感是如此难受，以至于他
们会制造出戏剧性事件来转移注意力。还有一些边缘型人格
障碍患者宁愿在生活中引发动荡，也不愿意面对他们可能会
感受到的可怕的空虚感。

* **持续不断的指责。**你可能通过指责伴侣的方式来制造距离，
以便抵御被吞噬的感觉，或应对被抛弃的恐惧。你可能在
内心深处感到自己有缺陷，害怕有一天伴侣会发现这一点
并彻底拒绝你。因此，你会通过挑剔他的方式来转移他对
你的评判和批评。如果总是他错，你就不会有错。

* **煤气灯式情感操纵。**尽管这不一定是你的意图，但你的行
为可能会导致伴侣质疑自己的理智。你忘记了自己说过或做
过的事，当伴侣提起时予以否认。你情绪爆发，却又否认自
己这样做过（边缘型人格障碍患者在愤怒时解离是相当常见
的现象）。即使你意识到自己做了某些事，例如发现自己前
后矛盾，你也可能会因为羞愧而不愿承认。你甚至可能会试
图将伴侣描绘成混淆一切的人，甚至暗示是对方疯了。

如何开始改变你的情感虐待行为（BPD 型）

当你患有边缘型人格障碍或具有明显的边缘型倾向时，改变自身行为绝非易事。你无法简单地仅凭意志力改变自己。由于根深蒂固的防御机制，你的许多虐待行为都是在无意识中发生的。即使你能意识到自己的虐待行为，在那一刻，你可能仍会觉得这是自己唯一能采取的应对方式——无论是为了自我保护而进行的言语攻击，还是为了紧抓伴侣与关系而采取的谎言或操纵手段。对于众多患者而言，尤其是对于那些边缘型人格障碍症状较为严重的个体而言，接受专业心理治疗可能是发生实质性改变、打破虐待模式的唯一出路。请参阅第 14 章，了解如何找到合适的治疗方法和治疗师。而对于另一部分症状较轻的个体，尤其是那些患有轻度边缘型人格障碍或仅有边缘型倾向的人来说，以下建议可以帮助你立即开始改变自己的行为。

（1）承认自身问题

改变的第一步是提升对自己的虐待行为的认知，包括认识到你的行为对伴侣（及他人）的影响。这本身就是一项极其困难的任务，它需要你有坚定的决心和巨大的勇气。你需要邀请身边最亲近的人给你的行为提供反馈。当然，这一步的前提是你能够相信亲近之人的说法——更具体地说，能信任他们的感知和判断。这确实构成了一个相当大的困境：如果你难以信任伴侣，又如何接受对方对你行为的说法呢？如果你已经感受到了他人的误解与偏见，你又怎么能信任他们对你的看法呢？

尽管你的伴侣在某些议题上，特别是与自身过往经历紧密相关的问题上，可能存在认知上的扭曲，但当涉及你的虐待行为时，伴侣的感知可能比你的更为贴近事实。这一观点或许与我过去向没有患边缘型人格障碍的来访者所传达的信息相悖，但它确实适用于边缘型人格障碍患者。遗憾的是，边缘型人格障碍患者经常出现自我认知的扭曲，特别是在审视自己在关系中的角色时尤为明显。她们虽能敏锐地洞察他人，却难以以同样的清晰度来感知自己。此外，当边缘型人格障碍患者处于愤怒状态或承受巨大情绪压力时，她们常常陷入解离状态，导致她们无法察觉自身的虐待行为，这种情况非常普遍。

关于上文所说的伴侣的看法通常比患者自身更为准确这一点，也存在一个例外情况：即你的伴侣同样患有人格障碍。如果你的伴侣也患有边缘型人格障碍，对方的感知可能和你一样有所扭曲。而如果你的伴侣患有自恋型人格障碍，对方则很可能像你责怪他一样，倾向于将关系中的所有问题都归咎于你。

练习：获得他人的反馈

1. 请伴侣列出一个清单，写下对他们来说你做过的最具伤害性的行为。
2. 请伴侣解释这些行为之所以特别伤人的原因。
3. 请伴侣描述你那些可以被归类为"虐待"的行为，并尽可能解释他们的看法。
4. 你同样可以向你的亲密朋友寻求类似的反馈，因为她们可能比你的伴侣更客观。但请记住，由于你可能在她们面前表现得体，或者她们对你并不构成威胁——即你无须担忧被她们抛弃或感到窒息，因此，你的朋友们可能没有完全见识到你虐待行为的严重性。在向家庭成员寻求反馈时，要小心，因为你的障碍很可能源于你的家庭互动模式，甚至有证据表明边缘型人格障碍至少部分具有遗传性。这意味着你的家庭成员也可能患有边缘型人格障碍，并且也有扭曲的感知。无论如何，家庭成员往往难以对你保持完全客观，他们可能会对你的行为过于严厉或过分宽容。

（2）直面童年的真相

虽然在边缘型人格障碍的成因上尚未达成绝对共识，但多数专家都认同环境因素的重要影响。一个普遍存在于边缘型人格障碍患者中的共同因素是"被抛弃"的经历。这种抛弃可能是物理上的，也可能是情感上的，可能源于以下一种或多种情境：

- 与主要抚养者（尤其是母亲）之间缺乏情感联结。
- 父母中的一方或双方长期不在身边。
- 因父母的离世或离婚而失去至亲。
- 与父亲的关系疏远，或关系消极、不健康。
- 父母的忽视。
- 来自家庭内部（父母、兄弟姐妹）或同龄人的排斥或嘲笑。

此外，尽管并非所有边缘型人格障碍患者都有相同的经历，但许多患者还曾遭受过情感、身体或性方面的虐待——甚至三种兼有。

（3）识别你的触发因素

患有边缘型人格障碍或具有明显边缘型倾向的人，往往会对他人的某些行为和态度做出相似的反应。当一个人被触发时，她会自发而强烈地做出反应，并且通常意识不到是什么引发了自己的反应。以下清单列出了一些边缘型人格障碍患者最常见的触发因素：

* **感到被抛弃**。由于害怕被抛弃，你可能对任何被抛弃的迹象都过于敏感，并可能因此产生强烈甚至暴力的反应。例如，伴侣的一个轻微不满的眼神，都可能触发你强烈的被拒绝感。

* **被批评**。当你感到被批评时，你的反应可能会很强烈。这是由多种原因造成的。首先，当你受到批评时，你可能会感到极度羞愧。羞愧会让我们感觉自己一无是处、毫无价值、低人一等，甚至不值得被爱。羞愧与内疚不同，内疚提醒我们某些行为是错误的，而羞愧则使人感觉自身的整个存在都是错误的或糟糕透顶的。第二个原因与第一个紧密相连。患有边缘型人格障碍的人往往倾向于把事情看得非黑即白。一旦受到批评，他们便会产生对自己的"全盘否定"。第三，对他们而言，批评等同于拒绝，所以会触发他们对于被抛弃的恐惧。他们的逻辑是：如果你不喜欢我做的某件事，那就意味着你不再喜欢我，紧接着你就会离我而去。

* **感觉他人不可预测或不一致**。尽管边缘型人格障碍患者本身的行为往往显得不可预测与不一致，但她们内心深处却极度渴望他人，尤其是亲近之人能展现出一致性和可预测性。当她们感知到他人行为的不确定性或不一致，或是面对难以预测的人与情境时，她们往往会感到恐惧和焦虑。这很可能源于她们在成长过程中，未能从父母，尤其是母亲那里，获得足够的稳定性支持。一个孩子需要获得"客体恒常性"的确认，才能发展出足够强大的

自我意识。再者，因为不可预测性通常与拒绝或抛弃密切相关，这种特定的触发因素会进一步触发她们对于被抛弃的恐惧。

* **感觉被否定或被忽视。**由于边缘型个体缺乏坚实的自我意识，他们对否定与轻视的评论或态度格外敏感。一句"你反应过度了"或"你别那么想"之类的评论，都可能会让她们感觉自己的感受和想法遭到了否定。

* **嫉妒。**当看到他人获得特别的认可或关注时，边缘型人格障碍患者往往会被触发，陷入深深的嫉妒的之中。她们可能会变得十分沮丧，甚至会采取行动争夺他人的关注。这种情况可能会出现在围绕他人的庆祝活动中，甚至可能会出现在他人因遭遇危机而亟须支持的时刻。

* **旅行或搬家。**边缘型人格障碍患者对于稳定的生活结构和可预测性有所依赖。因此，一些生活中的变动可能会让她们感到迷失方向。例如搬到新家或新城镇，甚至是去度假，都会引发她们的不安全感和恐惧感。

* **当每一种反应都被归因于边缘型人格障碍。**如果你被诊断为边缘型人格障碍，当别人把你所做的一切都归因于边缘型人格障碍时，你可能会感到被触发。

了解并识别你的触发因素，能帮助你更好地控制边缘型行为倾向。例如，如果你的触发因素在于被抛弃或拒绝，那么在制订活动计划时，请尽量不要过于模糊或开放，以免引发自身不安。例如，当你和伴侣共同规划活动时，确保对方对活动内容和时间安排都给出明确的承诺。对于"我们到时候看看情况"或"我大约几点来接你"这样的模糊说法，其他人或许能接受，但却不能令你安心。你需要伴侣给出明确的计划，否则如果对方动辄改变主意，将会让你陷入被抛弃和拒绝的痛苦。确切地知道对方将在何时何地与你见面，将帮助你减少无谓的等待和随之而来的焦虑、烦躁、恼怒，甚至是被抛弃的感受。虽然从伴侣那里获得明确的承诺并不能保证你不再经历任何最后一刻的变动或等待给你带来的失望或痛苦，但它确实能在很大程度上有所帮助。如果你的伴侣无法给予你具体的时间承诺，或者即使承诺了也总是迟到，那么或许是时候考虑对你们的关系做一些调整了。以下例子可以更清晰地阐释我的观点。

丹尼尔和拉娜：宁亡羊，不补牢

这是丹尼尔（Danielle）告诉我的：

我经常出差，我的伴侣拉娜（Lana）总是主动提出去机场接我。我很感激她的心意，这总能让我感受到她对我的爱。但她总是迟到。我会站在机场外，盯着每一辆可能属于她的车开过，每次发现不是她，我都会感到失落。我会不断地看表，随着时间流逝，我越来越恐慌。当她迟到15分钟时，我就会被一种可怕的被抛弃感笼罩。我会感觉自己像是个在大城市里迷路的孩子。我会变得绝望，焦急地来回踱步，心怦怦跳。当她终于出现时——有时可能是半小时后——我会对她无比愤怒，我们往往会大吵一架，甚至不欢而散。

我跟我的治疗师说了这一切，她建议我不要再让拉娜来接机。起初，我表示反对，因为我喜欢她来接机时自己所感受到的来自她的爱意。但治疗师提醒我，虽然起初我可能确实感受到了爱意，但随着拉娜的迟到，那份爱意逐渐被不被爱的感觉所取代。

（4）向你的伴侣坦承你的虐待行为

　　承认自己的虐待行为极其困难，这背后有多重原因。首先，因为你原本就已经觉得自己不值得被爱，而且也害怕被抛弃，所以你本能地不想让伴侣知道你有任何不足或过错。你的无意识逻辑可能是这样的："如果伴侣发现我并不完美，他就会离我而去。因此，我不能承认我有问题，最好让他觉得问题出在他身上。"其次，你对自己往往像对他人一样，要求严苛。正如你用非黑即白的视角审视他人一样，你也用同样的方式看待自己。向自己和伴侣坦白承认虐待行为，这很可能会让你对自己全盘否定，并担心你的伴侣也会如此看你。

　　再次，如果你患有边缘型人格障碍，那么你往往会体验到无处不在的羞耻感。当你尝试承认自己有时会做出虐待行为时，可能会引发"羞耻发作"——这是一种强烈的被彻底暴露的感受，仿佛自己内在的缺陷和邪恶本质被完全揭露，让你陷入一种孤立无援、空虚无比的感受之中。然而，尽管困难重重，向伴侣坦承你的虐待行为仍然非常重要。请参阅第 8 章，了解更多相关信息。

（5）寻求帮助

　　正如上文所述，许多人患有边缘型人格障碍而不自知。许多人终其一生都不理解自己的感受和行为，且大多数人从未因她们的问题而寻求过帮助。有一部分人可能因为如进食障碍、酒精或药物滥用、强迫性购物或赌博等问题而寻求过帮助。另一部分人可能因抑郁或自杀企图而寻求过帮助。但极少有人因自己对伴侣的虐待行为而求助。实际上，大多数患有边缘型人格障碍的人都认为自己才是关系中受害的一方。而坦承自己曾对伴侣进行过情感虐待，则能体现你极大的正直与勇气。这么做不仅能挽救你的关系，你所寻求的帮助也能为你带来自我救赎。你无疑已经长时间觉察到自身存在某些极为严重的问题。毕竟，你一生中的大部分时间都在痛苦的情绪中度过。你内心一直有一种空虚感，令你不断试图用食物、酒精或新的关系来填补。你一直处于焦虑或抑郁的状态中。

如果你正在经历慢性或严重的抑郁，那么寻求帮助尤为重要。你无法仅凭意志力摆脱抑郁。抑郁症的本质就是剥夺你的意志和动力，并扭曲你的感知。你可能需要药物治疗，或至少暂时需要，尤其当你存在自杀意念时。但更重要的是，你需要找到一个倾诉对象，一个不直接参与你的生活，能为你提供客观视角的人。

你还需要专业人士的帮助来识别和表达你的情绪。边缘型人格障碍患者最常见的防御机制是理智化（intellectualization）。当我们理智化时，我们会寻找理由来解释、分析、审查和评判我们的感受。我们告诉自己某些感受是不好的或错误的，因此我们不应该有这些感受。或者我们告诉自己某种感受是幼稚的，公开表达这种感受的人是愚蠢的。然而，尽管我们的情绪有时可能令人不快、困惑、不合时宜，甚至具有破坏性，但它们就像任何身体功能一样自然、一样必要。你需要寻求帮助，以克服将情绪理智化的倾向，并帮助自己开始以建设性的方式表达感受。

针对特定边缘型行为的策略

* 为了停止占有欲强、黏人或骚扰他人的行为，你可以在身边放一张伴侣或亲人的照片，当你因为他们不在身边而感到不安时，请你仔细看看这张照片。或者你也可以使用伴

侣写的情书。这将为你提供所谓的"客体恒常性"，有助于你感到更安全，更信任伴侣。

* 为了避免在关系中迷失自我，不妨从关系中抽身一段时间。例如，一位来访者曾与我分享："当我远离乔治时，我内心平静多了。只要在他身边，我内心就一片混乱。但当我离开时，我仿佛可以重新呼吸了。我可以听到自己的想法。我需要时不时地从他身边短暂离开，来找回自我。我不知道我是否能在拥有自我的同时维持关系，但我确信分开一段时间是有帮助的。"如果你也常有想要"消失"的冲动，建议阅读我的书《爱他而不迷失自我》（*Loving Him Without Losing You*），以获取更多帮助。

* 为了抑制挑剔或评判的倾向，下次你对伴侣或孩子感到挑剔时，请先审视自己内心，看看自己是否因为感到被吞噬或对自己不满，而将这种情绪投射到了他人身上，进而让你想要推开他们。在做任何负面的表达之前，试着先写写日记，散散步，或者给自己一些时间等待——你的感受可能会随之改变。

* 为了抑制你的控制欲，与其试图控制他人，不如将精力放在自我控制上。要做到这一点，最好的方法是识别和监控自己的情绪，了解自己的需求，并设定自己的边界。

你是否患有自恋型人格障碍

你可能有理由怀疑自己患有自恋型人格障碍，可能因为你读了第 10 章关于自恋的描述，也可能因为有人，比如你的伴侣，指出你符合自恋型人格障碍的描述。如果后者属实，而你还没有阅读第 10 章，我强烈建议你现在就阅读。

此外，以下问卷也将有所帮助。

问卷：你是否患有自恋型人格障碍？

1. 你是否觉得自己很特别，或拥有他人不具备的特殊才能或天赋？
2. 你是否觉得自己有权享受特殊待遇或认可？
3. 你是否暗自认为自己比大多数人更好（如更聪明、更有吸引力、更有才华）？
4. 当人们谈论自己时，你是否容易感到厌烦？
5. 你是否倾向于认为自己的感受或观点比别人的更重要？
6. 如果你的才能、成就或外貌特征没有被认可或赞赏，你是否会深感受伤？
7. 如果被忽视或未被认可，你是否会感到深受侮辱？
8. 你是否曾被批评过分关注自我，或以自我为中心？
9. 你是否曾被批评为自负或自大？
10. 你是否容易因小事而突然暴怒，且常常不明白自己为何如此生气？
11. 当你发现他人不如你最初认为的那样聪明、成功、强大或情绪稳定时，你是否会失去对他们的尊重？
12. 你是否难以识别或共情他人的感受，尤其是他们的痛苦？
13. 你是否发现自己经常嫉妒别人取得的成就或积累的成果？
14. 你是否更倾向于关注自己没有的，而非拥有的东西？
15. 你是否经常感到自己的努力和成就被忽视、贬低，或者认为自己被忽略，没有获得特殊认可、晋升、奖项等？

16. 一旦有人侮辱或伤害了你，你是否会轻易地结束这段关系？

17. 你生活中的主要目标之一是否是获得成功、名声、财富，或者找到"完美"的爱情？你是否因为没有达到目标而感到失败或抑郁？

18. 你是否觉得自己不太需要他人，相当自给自足？

19. 你的友谊是否大多都基于共同利益，或你们都有强烈的愿望要变得成功、出名或富有？

20. 你的人际关系是否往往都很短暂？你是否曾与某人亲近一段时间，但随着时间推移，感觉对方在你的生活中已经失去了原有的作用？

如果你对五个以上的问题回答肯定，尤其是第 10 到第 20 个问题，那么这可能意味着你患有自恋型人格障碍。

根据《精神障碍诊断与统计手册（第五版）》，自恋型人格障碍的特征如下：

- 夸大的自我重要感；
- 幻想无限成功、名声、权力、美貌和完美爱情（无条件的崇拜）；
- 强烈的展示欲（需要被关注和仰慕）；
- 受到轻微刺激就会愤怒的倾向；
- 随时准备以冷漠回应他人，或是用来惩罚他人的伤害性行为，或以此暗示对方已经失去了利用价值；
- 深刻的自卑、羞耻及空虚感；
- 优越感，伴随剥削他人的倾向；
- 由于狭隘的关注点或同理心的缺乏，倾向于过度理想化或贬低他人。

自恋型人格障碍如何导致情感虐待行为

　　如果你患有自恋型人格障碍或有明显的自恋倾向，即便你主观上并未有意伤害他人，你的行为和态度也往往容易让他人感到被虐待。自恋型人格障碍患者往往对他人毫不关心，也不在意自身行为对他人的影响。这种漠视，不仅没有减少其行为和态度所造成的伤害或破坏，反而恰恰是最具伤害性的部分。自恋者常表现出以下对他人极具伤害性的具体行为和态度：

- 否定他人的感受、想法和观点；
- 讽刺和贬损他人；
- 常常以傲慢与居高临下的态度对待他人；
- 倾向于轻视他人，尤其是他们不尊重的人；
- 对他人过于挑剔和评判；
- 充满不切实际的期待，难以被取悦。

　　尽管他们的大部分虐待行为往往出于无意识而非有意，但有时，一些自恋型人格障碍患者也会故意施虐，尤其是恶性自恋者。总体而言，当关系变得过于依赖，或当他们发现伴侣有所不足时，就会激发他们实施情感虐待的冲动。过于亲密会让自恋者感到恐惧，因此他们会指责伴侣或对伴侣施加控制，从而与对方保持距离。指责伴侣过于苛求或过分侵扰，成为他们与伴侣保持安全距离的一种手段。同时，通过在关系中掌握控制并占据主导地位，他们使伴侣处于依赖或从属地位。

　　为了逃避内心对情感承诺的极度恐惧，自恋型施虐者还会让伴侣感受到情感上的不稳定。虽然这背后隐含的信息是"我不爱你"，但他们会表达得间接而隐秘，让伴侣不会轻易离开。但与此同时，对方也难以在关系中感受到安全和稳定。伴侣会持续处于困惑之中，不断地质疑："他到底爱不爱我？"

当自恋者对伴侣感到失望时，可能就会产生虐待行为。一个典型的自恋者往往会在短时间内对某人产生强烈的吸引力，过度理想化，认为对方比实际更美丽、更有才华、更受欢迎或更慷慨。当这种理想化消退时，个体可能会感到无比失望，并失去对对方的尊重。而这种不尊重很快会化为贬低、轻蔑或讽刺的评论，以及全然的漠视。

当自恋者面临关系不可避免的终结时——要么是因为他无法再忽视关系失败的事实，要么是因为他开始对别人动心——他们会开始出现对伴侣的虐待。由于他们无法承担关系失败或自己被他人吸引的责任，他们必须让伴侣承担责任——不论是在他们自己心中还是在伴侣心中。

在某些情况下，这种虐待倾向并非突然出现，而是自恋者原本隐藏的虐待本质开始浮现出来。为了合理化自己结束关系的愿望，他们会迫使伴侣做一些对方不可接受的事情，然后以此为由否定对方。特别是在自恋者对他人动心的情况下，伴侣很可能被视为替罪羊，成为所有不满和负面情绪的投射对象，以便他理想化新的对象并建立新的关系。

如何开始改变你的情感虐待行为（NPD 型）

（1）承认你有问题

这点无疑十分困难。事实上，这可能是你一生中面临的最艰难的事情。请相信我，我知道这有多难。我生命中经历过这样的时刻，让我不得不承认自己有非常明显的自恋倾向。这发生在我撰写《情感受虐的女性》（*The Emotionally Abused Woman*）一书时。当我逐一列出自恋的症状时，我惊讶地在这些描述中看到了自己的影子。

这原本不应令我太过意外，毕竟我来自一个自恋者众多的家族。我的母亲、她的几个兄弟，以及她的母亲，都患有自恋型人格障碍。出于某种原因，我以为自己能够逃脱家族的"魔咒"。但我早该知道，这绝非易事。作为自恋型母亲的独子，无论我怎样努力，都不可能完全摆脱这种命运。

虽然可能有点难以想象，但自恋型人格障碍患者在公众心目中的形象，往往比边缘型人格障碍患者更为糟糕。"自恋者"是一种极其具有贬义的称呼。作为心理治疗师，自身却有自恋倾向，这尤其令人感到羞愧，尽管我已经开始意识到并非只有我一人面临这种情况。你也并非独自一人。据说我们生活在"自恋的时代"，因此很少有人能完全摆脱自恋的特质。我们的自恋体现在"我世代"（the Me Generation）的标签中，以及诸如"这对我有什么好处"（What's in it for me）和"先为自己着想"（taking care of number one）这样的流行语中。我们的社会崇拜美——尤其是美丽的身体——以及权力、地位和金钱等外在事物。

虽然承认自己的自恋特质很难，但如果你想停止自己的虐待行为并尝试挽救你的关系，这就是你必须迈出的一步。如果你继续逃避承认事实，你就会持续陷入虐待的循环，不断伤害你的伴侣和你们的关系。

（2）直面童年的真相

当我们深入自恋者自以为是、自我中心、自私自利、"以我为先"的行为模式背后时，往往会发现他们早期健康自恋需求（即对关注、爱护、尊重以及基本生活需求如食物和住所的需求等）

的严重缺失。一些读者可能已经了解了自身问题的根源。你们可能清晰地记得父母一方或双方对你的忽视或虐待。而另一些人则由于太过擅长掩饰自己的伤害和愤怒，以至于他们几乎不记得父母是如何对待他们的。幸运（也许不幸）的是，你几乎总能在自己身上看到父母行为的影子。如果你对伴侣和/或孩子专横暴虐，几乎可以肯定你童年时就是被这样对待的。如果你对伴侣疏远冷漠，只需看看你的父母就能找到原因。

（3）开始卸下你的防御

像大多数具有自恋特质的人一样，你可能已经建立了一个相当强大的防御机制来保护自己免受痛苦、疑虑、恐惧和羞耻的困扰。也许早年生活中你就学会了不能依赖他人，自己只是孤身一人。在父母或其他养育者多年的忽视或虐待之后，你可能不得不变得坚硬。你可能早就下定决心，为了实现你的目标，你需要屏蔽掉所有干扰，包括你自己的情绪。只有卸下这些防御，你才能找到问题的根源，并正视你的父母虐待或忽视你的行为。

为了追求成功、认可、经济收益或崇拜——这些是自恋型人格障碍患者或具有自恋倾向的个体比普通人更重视的东西——你可能必须付出艰辛的努力。你必须紧盯目标，不受其他事物（人际关系、琐碎问题、你及他人的情感）的干扰。这种专注塑造了一种特定类型的人：一个不轻易放弃，但也很难寻求帮助的人；一个坚强，但在处理自己和他人感情时可能过于强硬的人。

发现你已经在情感上，甚至可能在心理上伤害了伴侣和/或孩子，甚至险些因此失去家庭，无疑会在你的盔甲上留下裂痕，让你感到比以往更加脆弱。通过外表的这道裂缝，你可能可以第一次瞥见真实的自己。

对于自恋型人格障碍患者来说，感到暴露和脆弱尤为困难。

这是因为这种障碍的核心是强烈的羞耻感。正如我们之前所讨论的，羞耻感是觉得自己低人一等、毫无价值、不被接受，甚至不被爱的感觉。这种羞耻感如此痛苦，如此难以忍受，以至于具有自恋倾向的人丝毫都无法承受。相反，他们用虚假的虚张声势或优越感来掩盖这种羞耻和屈辱感。这种虚假自我使他们无法面对真实情感，同时也阻止了他们与他人建立联系——尤其是情感上的联系。

讽刺的是，你新近体验到的脆弱感——感觉自己现在暴露于众人面前、所有弱点都被一览无余，恰恰是能够拯救你的感受。正是这种感受促使你承认自己需要帮助。

（4）寻求帮助

自恋型人格障碍是一种严重的心理疾病，需要专业的治疗。如果你患有严重的自恋型人格障碍，没有合格的心理治疗师的帮助你是不可能康复的。治疗过程不会轻松，因为它要求你承认自己和其他人一样有着人性的失败。它将要求你面对你是如何让最亲近的人——特别是你的伴侣和孩子——遭受痛苦的真相。你也需要认识到自己对他人的需要。同时，你也要认识到，仅仅因为你对他人有需求，并不意味着他们必须满足你的需求。最重要的是，你需要再次体验作为一个无助、被操纵的孩子的感受，体会那些由自私或无爱的父母或其他养育者所造成的巨大伤害。你需要开始认识到，由对赞美和成就的需求所驱使的生活是空虚的。

尽管这个过程艰难而痛苦，但回报也是巨大的。你将在冰冷的优越面具下发现真实的自我。你将获得对他人和自己感到同情与共鸣的能力。你将获得对他人和生活的真正、真挚的感激之情。你会逐渐学会欣赏平凡的生活，拥有真实的喜怒哀乐，而非充满扭曲镜像的幻想生活中的虚假快感。

我克服自恋倾向的个人计划

想要克服你的自恋倾向，并从长期治疗中获益需要一定的时间。与此同时，你可以立即开始做出一些改变。基于我自身以及许多个案的经验，你可以参考以下建议：

1. 请你的伴侣告诉你，你曾经以何种方式虐待或伤害过她，并用心倾听。询问你的行为是如何影响对方的。试着设身处地地想象对方被你那样对待时的感受。
2. 及时觉察自己想要指责伴侣的冲动或行为。请你的伴侣在每次感到被指责、被贬低或被取笑时都告诉你，并感谢她的提醒。你需要明白，指责他人的冲动可能源于自我厌恶、想要推开伴侣的需求，或是控制伴侣的需求。
3. 与其经常谈论自己，不如开始更多地倾听——真正倾听——倾听伴侣。多问问题，对她所做的事情表现出真正的兴趣。一开始可能会很难。你可能会发现自己感到无聊或容易分心。当这种情况发生时，你需要强迫自己专注于伴侣说的话。你无疑会时不时地再次回到垄断谈话的状态，但通过持续努力，你可以发生真正的改变，并让伴侣十分欣喜和感激。
4. 承认你对他人的需求，尤其是对伴侣和孩子的需要。注意当你和伴侣相处融洽时感觉有多好，以及当你感到不被接纳、不被认可、不被欣赏时感觉有多受伤。请试着想象这一点，当你不包容、不认可和不赞赏你的伴侣和孩子时，他们可能也会有同样的感觉。
5. 除了关注自己的需求外，试着关注他人的需求，尤其是伴侣和孩子的需求。想想办法向他们展示你对他们的感激。

6. 开始欣赏生活中的美好事物，尤其是伴侣给你生活带来的美好。开始每天进行感恩练习。例如，每天早上想五件值得感激的事情，或者在一天结束时，与其因为对事业或外貌的不满而难以入睡，不如试着回顾一天，找出至少五件值得感激的事情。

7. 开始欣赏生活的简单之美。放慢脚步，散步，欣赏大自然。

推荐电影

《移魂女郎》（*Girl，Interrupted*）（1999），一个年轻的边缘型个体的真实写照。

《野鸢尾》（*Wild Iris*）（2001），讲述了一个自恋型母亲对女儿和外孙的影响。

第四部分

接下来你该何去何从

第 12 章

留下还是离开

"要明白何为适度，先得知道何为过度。"

——威廉·布莱克（William Blake）

"如果你满足于低于自身潜力的生活，你将无法体验真正的激情。"

——亨利·克劳德（Henry Cloud）

决定关系的去留，这确实是个难题。除非你的伴侣是个有虐待型人格的人——一个生活中遍布其伤害过甚至造成不可逆损害的人——否则，你将很难辨别何时该果断离开，何时还有机会让关系发生真正的改变。本章的内容、练习和问卷将帮助犹豫不决的你确定是应该留下还是离开。

选择留下的有力理由

在各种留下的理由中，有的较为充分，有的则不太充分。以下是一些强有力的、支持留下的理由：

- 你或你的伴侣已经承认了虐待行为，并已开始采取第 7 章或第 8 章中概述的一些步骤。
- 你或你的伴侣已经承认了虐待行为，并已开始与心理治疗师合作。
- 你已明确告诉伴侣，你将不再容忍任何形式的虐待，而作为回应，他或她开始克制和减少虐待行为了。
- 你已开始使用本书中建议的一些策略，在这些策略的影响下，你的伴侣的虐待行为和频率似乎都有所减少。

当然，即使你们都致力于解决问题或寻求专业帮助，你们中的一方或双方仍然有可能会继续虐待，且没有任何停止的迹象。在这种情况下，受虐方可能需要结束关系，以防止自己的自尊和理智受到进一步的损害。正如詹姆斯（James）的情况，他坦言："我虽不愿承认，但事实是，尽管我们尝试了几个月，妮可（Nicole）依然没有改变。我知道她也努力了，但很快她又回到老样子。她需要专业的帮助，但她拒绝接受。我爱她，我不怪她，因为我知道她有严重的问题，我只是不再愿意忍受虐待。"

对于那些患有边缘型人格障碍或自恋型人格障碍的个体而言，除非他们能够接受专业帮助，否则无论他们如何努力尝试，最终往往还是会回到与伴侣相处的旧模式上。

问卷：亲密、分享与尊重

如果你和你的伴侣在其他各方面整体而言拥有健康且有益的关系，那么上文所述的留下的理由将尤其有力。健康的关系包含以下三个要素：亲密、分享与尊重。

以下问题将帮助你评估你的关系质量，包括你们彼此体验到的亲密度、分享和尊重的程度：

1. 你和伴侣是否分享情感和性方面的亲密？（情感亲密包括能够在彼此面前展露脆弱，分享对彼此的感受，并感到足够安全，可以公开谈论你们在关系内外遇到的问题。）
2. 你们的关系中是否有平等和互相给予的感觉？
3. 你和伴侣是否彼此尊重？

4. 你是否觉得你们之间诚实多于不诚实？

5. 你是否相信你们给彼此的生活带来的欢乐多于痛苦？

6. 你是否觉得在对待彼此方面，你们的初衷或用意是好的？

7. 你是否觉得你和伴侣都希望对方过得好？

8. 你和伴侣是否有共同之处？

9. 你们是否有相同的希望和梦想？

10. 你是否觉得你和伴侣相互理解？

如果你对这些问题中的大多数都能给出肯定的回答，那么你们关系中的情感虐待很可能只是不良习惯的结果，并不是你们中的任何一方有意想要破坏、控制或摧毁对方。通过继续加强彼此之间的边界，你、你的伴侣或你们双方，都有望迅速克服那些阻碍关系向更积极方向发展的不良习惯。

如果你只能对其中一半的问题回答"是"，那么很可能你们各自的过往经历在某种程度上影响了你们相互亲近、关怀和尊重的能力。在这种情况下，通过继续遵循本书列出的方案和计划，尤其是完成你的未完成事件，或许可以帮助你们提升关系中的亲密度、诚实度和尊重度。

然而，如果你发现自己无法对这些问题中的至少 3 个，尤其是前 7 个问题给出肯定的回答，那么这很可能意味着你或你的伴侣存在着破坏、支配或控制的需要，或者将对方作为发泄愤怒的出口。这种情况下，想要改变关系会相当困难，特别是在缺乏专业帮助的情况下。

你也许仍须选择离开

有时，即便是那些共享亲密、平等与诚实的伴侣也需要结束关系。即便那些承认关系中存在虐待行为，并积极努力发现并尊重彼此的触发因素和边界的伴侣，有时也会继续使对方感到不快。这并不意味着任何一方就是坏人，或者应该因为关系结束而受到责备。这只是意味着，在综合考虑了各自的议题和挑战后，你得出的结论是，结束这段关系并各自向前看，是一个更合适的决定。

有些伴侣会发现，他们的个人经历成了维持一个健康、充实、有爱的关系的巨大障碍。虽然有些人或许能够以一种相对不痛苦的方式回应彼此的需求，但对于另一些人来说，他们可能会发现，彼此的需求在现在和未来可能都无法相互兼容，而继续关系只会带来持续的情感困扰和痛苦。例如，个体可能由于经历过父母令人窒息的爱，而需要大量的情感和物理空间。但他或她对于这种空间的需要，可能又会触发其伴侣被抛弃和被拒绝的回忆。

离开的有力理由

以下是一些强有力的理由，表明你应该认真考虑结束关系，或在情况有所改变之前与伴侣暂时分开：

- 你的伴侣拒绝承认他或她的行为具有虐待性质。
- 你的伴侣拒绝为其虐待行为寻求帮助。
- 你已明确告诉伴侣，你将不再容忍任何形式的虐待，但他或她仍旧持续虐待。
- 你和/或你的伴侣不愿意跟进练习，并继续虐待彼此。
- 你和你的伴侣都遵循了书中的策略，但你们仍在触发彼此的痛点并虐待彼此。
- 你不愿意承认你对伴侣有情感上的虐待。
- 你不愿意遵循书中的建议或寻求专业帮助，并继续虐待你的伴侣。

绝对需要离开的情况

如果你当前的关系中存在以下任一情况，你必须尽快结束这段关系：

1. **你的伴侣对你的孩子实施情感、身体或性虐待。**如果你的伴侣对你展现出过度控制、专横、挑剔或排斥的行为，不难推断他们将以相同的方式对待你的孩子。不幸的是，大多数非施虐伴侣都会试图自欺欺人。但事实是，这类施虐者很少将批评和控制行为局限于伴侣这一个人身上。挑剔、苛刻、拒绝和难以取悦的人通常会以相似的方式对待生活中的每一个人，尤其是最亲近的人。不要继续无视你的伴侣对待孩子的方式，或为对方的行为找借口。如果你发现自己无法摆脱虐待的困境，请务必寻求专业帮助。治疗将帮助你重建自尊，并提供为自己和孩子做出正确决定的勇气。请记住，你之所以会成为今天的自己，主要源于父母（或其他养育者）对待你的方式。不要让你的孩子重蹈覆辙，再次经历你成长过程中那些不可接受的行为，而延续虐待的循环。

   如果你的孩子正在遭受伴侣的身体或性虐待，那么首要任务是确保孩子远离施虐者，即使你目前还没准备好离开这段关系。孩子每天遭受这样的暴力，对其心灵、身体和精神都会造成难以估量的伤害。

2. **你正在情感、身体或性方面虐待你的孩子。**你正在阅读本书的事实表明，你不想继续这种虐待行为。你现在已经意识到自己虐待倾向的根源，而你显然不希望自己的孩子经历与你相似的童年。目前，你能为孩子做的最有爱心的事情就是与孩子分开，以保护孩子。这可能意味着你离开家，而将孩子留给伴侣。或者，你和伴侣共同寻求帮助，让孩子暂时与亲友一起生活（不能是那个曾经虐待过你的人）。无论采取哪种方式，你都是在对所有人做出极大的善举。除非你以这种方式向孩子展示善意，否则孩子可能永远无法原谅你造成的伤害，你自己也无法原谅自己。

　　一旦你获得了必要的帮助，你就可以与孩子团聚。相信我，当孩子得知你为何离开时，孩子会对你有更多的尊重和感激。并且，你也会获得前所未有的自我尊重，因为你深知自己是出于对孩子的深切关怀而做的决定，这是一份珍贵的礼物。

3. **你担心自己会虐待孩子。** 如果你尚未对孩子实施虐待，但内心有强烈的冲动，那么现在正是你打破虐待循环的关键时机。请及时寻求专业帮助。一个好的治疗师会帮助你找到释放痛苦、愤怒、恐惧和羞耻的方法，正是这些情绪驱使你产生攻击他人的冲动。根据你具体情况的严重性，即你真正伤害孩子的风险有多大，你需要认真考虑暂时与孩子分开，直到你获得自己急需的帮助。请记住，你并不是一个坏人，只是一个在绝望中挣扎、无法控制自己情绪的人。请做出正确的选择。

4. **你的孩子因为你与伴侣之间的情感虐待而受到了伤害。** 在不涉及孩子的情况下决定留在一段情感虐待的关系中是一回事，一旦涉及孩子，就是另一回事了。处于情感虐待关系中的人常常误认为，只要孩子没有亲眼看到父母之间的身体虐待或争吵，孩子就不会受到伤害。但实际上，当父母一方或双方存在情绪虐待时，孩子可以感受到家中弥漫的紧张、恐惧、愤怒和敌意。这种紧张的家庭氛围会让孩子感到不安、害怕，甚至出现心理失衡。

　　你可能认为自己的孩子还小，无法理解你和伴侣之间的对话，但即使是最年幼的孩子也能感觉到父母一方对另一方的不尊重、挑剔或贬低。即便是最年幼的孩子也能理解父母一方对另一方的羞辱或贬低。再大一些的孩子则会捕捉父母一方对另一方的不尊重和虐待的态度，并觉得自己必须选择一方站队。他们要么对施虐的父母感到愤怒和仇恨，要么会失去对受虐的父母的尊重，并开始模仿施虐的父母。

　　情感虐待在你的关系中持续的时间越长，对孩子的伤害和影响就越大。他们不仅因目睹虐待行为而在当时受到伤害，而且你还为他们树立了不良榜样，增加了他们未来成为受害者或施虐者的风险。（许多在学校成为霸凌者或霸凌受害者的孩子，都目睹过家庭中的情感或身体虐待。）除非你和伴侣正积极努力地制止虐待——无论是通过阅读本书并实施计划，还是与专业治疗师合作——否则，你选择留在关系中，就是以牺牲孩子的心理健康为代价的。

5. **你的伴侣对你实施身体虐待或威胁要这么做。**很多人对伴侣最初可能只有情感上的虐待，但随着时间的推移，情感虐待逐渐升级为身体虐待。你所承受的情感虐待越多，你的伴侣可能越会觉得有权利对你进行更严重的虐待，包括身体上的虐待。随着伴侣的愤怒不断加剧和关系的持续恶化，他们可能会诉诸肢体暴力作为获得控制的手段。

　　如果你的伴侣已经对你动过手，即使只是"一记耳光"，你也已经处于危险之中了。推搡、按住你、违背意愿地将你困住等行为同样都是不可接受的。这些行为都表明你的伴侣已经失去了自我控制，对你构成了危险。在某些情况下，这些行为可能还意味着你的伴侣精神状态不稳定。别自欺欺人。如果你的伴侣已经对你有过暴力行为，那么这种行为会再次发生，且下一次的情况会更糟。不要接受伴侣喝醉或服药的借口。他们的暴力行为是他们自身的问题。饮酒或使用药物可能会加剧这些问题，但绝不是施暴的原因。同时，你也不应该允许你的伴侣以患有诸如边缘型人格障碍或自恋型人格障碍之类的情绪问题作为施暴的借口。虽然这些障碍确实可能会导致个体失控并出现肢体暴力行为，但这绝不是借口。你的伴侣需要为自己的行为负责，并及时寻求必要的专业帮助。

如果你的伴侣拒绝寻求专业帮助，我建议你先与伴侣分开，直到他们愿意寻求帮助。否则，停留在这段关系中的每一天，你都在危害自己的情感和身体健康，甚至可能危及自己的生命。

6. **你发现自己已经出现了身体虐待的行为。** 你正在遭受的情感虐待可能会让你感到极度沮丧和愤怒，让你几近崩溃，并开始诉诸肢体暴力以宣泄情绪。如果是这样的情况，你下次可能会更严重地伤害你的伴侣，或者迫使他们也采取暴力行动伤害你。因此，你应该认识到，是时候离开了。

如果关系中的情感虐待已经升级为身体虐待，你很可能会重蹈覆辙，而且下一次情况会更糟。即使你只是扇了伴侣一巴掌或推了对方一把，如果不及时寻求专业帮助，你的这种暴力行为很可能会持续升级，对伴侣造成更大的危险。如果你对寻求专业帮助有所顾虑，你也可以在社区中寻找其他资源，或去了解愤怒管理相关课程，或者看看你所在地区是否有针对暴力或潜在暴力人士的支持小组。

如果你坚信自己本质上并不是一个施虐者，而是你的伴侣迫使你变得暴力，那么对你们双方来说，结束关系可能是最好的选择。即使你的伴侣患有某种精神或情绪障碍，你留下来也无济于事。

7. **你开始幻想伤害或杀害你的伴侣。** 如果你已经到了这一步，你感到自己彻底被困住，没有任何出路可以摆脱这段虐待关系。重要的是，你要意识到这是自己遭受情感虐待的症状——而非现实。现实是，有出路。你需要获得专业帮助，以获得离开的勇气和力量，或者如果你担心自己的人身安全，你需要联系警方或家暴妇女庇护所。无论哪种情况，你都需要意识到，肯定有更好的出路，而不是让自己的余生陷入牢狱，或终身背负对对方造成身体伤害的罪恶感的境地。

8. **你开始严重质疑自己的理智。** 如果你的伴侣对你使用煤气灯式情感操纵（例如，否认已发生的事情，说你凭空想象，或指责你疯了），而你也开始怀疑自己的感知，那么是时候离开这段关系了。因为你在这样的关系中待得越久，就越会怀疑自己和自己的理智，这对你的精神健康将造成极大的危害。

9. **你已经清楚地意识到伴侣并不尊重你。** 如果你和一个贬低你、看不起你或不认可你价值的人在一起，这段关系几乎没有任何希望。是时候离开了。

当你抗拒离开

有时候我们虽然知道应该离开，但却无法做到。我们可能明知这段关系不会变好，虐待行为只会愈演愈烈，甚至可能威胁我们的安全，或者使我们面临失去理智并伤害伴侣的风险——但我们还是无法离开。

这是一位读者给我发的邮件："我知道解决办法似乎很简单……我应该离开。但我发现我在心理上很抗拒，我不知道为什么。虽然听起来很傻，但我觉得我需要一个'理由'才能离婚，一个可以告诉别人的理由。问题是他没有虐待我的孩子——只有我——我觉得把孩子从他们的父亲身边带走很自私。我的孩子们告诉我，他们不想离开父亲，坦白说，我也不想。我为他感到难过。两个月前我申请了离婚，但我仍然无法鼓起勇气离开。"

我强烈建议这位女士寻求专业心理治疗，以获得离开的勇气。如果你的情况也与此类似，发现自己正在抗拒那些明知必要却难以采取的行动，我也敦促你寻求专业的支持和帮助。即使你的伴侣没有对你或孩子实施身体上的虐待，我们仍有许多充分的理由选择离开，而其中最重要的理由之一，就是孩子正在遭受家庭中情感虐待的负面影响。这无关乎你如何告诉别人，最重要的是你如何告诉自己。如果你的自尊心受到了严重的打击，以至于无法相信自己值得更好的对待，那么你需要与一位可以帮助你重建自尊的专业治疗师一起工作。

信任与宽恕

不少阅读本书的读者可能发现，你们对彼此的爱能够经受住情感虐待的考验，有些读者甚至发现，在这个过程中，他们可能不仅可以停止关系中的虐待行为，而且能加深彼此的关系。然而，不幸的是，对许多人来说，一旦情感虐待成为关系的一部分，想要摆脱由此产生的恐惧、怨恨或愤怒，阻止它们继续腐蚀关系，就变得异常艰难。经历了伴侣的伤害后，个体很难不笼罩在担心类似情况再次发生的恐惧之下。这种恐惧可能会阻碍你放下戒备，向伴侣敞开心扉。你可能变得异常警惕，不论是在情感还是在性方面呈现脆弱，可能都令你感到不安。

　　为了走出虐待的阴霾，让关系得以向前发展，你们双方都需要有意愿去重建信任，并尝试宽恕彼此。这对任何人来说都是一项艰巨的任务。重建信任需要时间，而尚未建立的信任，无疑也会持续考验你们的耐心。幸存者往往会对自己感到不耐烦，认为自己早该摆脱过去的阴影，而先前的施虐方则可能会觉得自己一直在为过去的行为受罚，而觉得没有机会重新证明自己。

　　对于幸存者而言，努力重建对伴侣的信任固然重要，但更重要的是信任自己。如果你相信自己能照顾好自己——也就是说，如果你的伴侣再次越界并出现虐待行为，你相信自己会为自己发声——那么你们都可以在关系中放松下来，并让时间来证明对方是否真的停止了虐待行为。如果你是先前施虐的一方，道理也同样适用。

　　对于幸存者来说，能够宽恕也非常重要。如果你无法原谅伴侣过去在情感上对你的虐待，你的愤怒和怨恨将使你无法前进。尽管你有充分的理由对虐待感到愤怒，但你需要负起责任，找到建设性的方式来释放愤怒。否则，你的愤怒将继续蔓延，在你与伴侣之间制造隔阂，并引发伴侣的防御和愤怒。你无法指望伴侣无限期地容忍你的愤怒，这种期望对伴侣而言也是不公平的。

　　宽恕不同于遗忘。当然，你永远不会忘记伴侣是如何对待你的，也不应该忘记。记住虐待会让你保持警觉，增强决不让它再次发生的决心。但是，当你选择宽恕时，你是在向伴侣传达一个信息，即你愿意给他们另一次机会，你认识到每个人都有自己的问题，我们不能期望彼此完美。

　　然而，一些幸存者会发现，即使他们已经给了自己足够多的时间，还是无法重建对伴侣的信任，或无法原谅伴侣的虐待行为。面对这种情况，承认这一点对自己和伴侣都很重要。一旦认识到这一点，你或伴侣中的一方，甚至双方，可能会开始意识到，是时候考虑放手了。

同时，幸存者也需要学会原谅自己，原谅自己曾经允许虐待发生。无论你给自己贴上了什么标签——被动、软弱或愚蠢，都没有必要持续因此而自责。事实上，你之所以会忍受虐待，与你的伴侣之所以会施加虐待的原因相似——这与你们在童年时期所遭受的虐待或忽视有关。

第 13 章

预防未来的情感虐待

> "拒绝继承失调的功能。学会新的生活方式，而非重复过往经历。"
>
> ——赛玛·戴维斯（Thema Davis）

在本章中，我们将关注伴侣双方如何在未来预防情感虐待，无论你是决定留在当前的关系中还是结束关系。对于选择结束当前关系的受虐方，我将提供一些策略，帮助你在未来识别潜在的施虐者，你将学习如何放慢脚步，在深入一段关系前了解潜在的伴侣，并学习如何清晰传达你不接受任何形式虐待的立场，包括如何设立明确的界限和底线等。对于施虐方，我将介绍如何通过改变某些行为来防止未来的虐待，以及如何选择一个与你平等、不太可能忍受虐待行为的伴侣。我还将提供帮助个人和伴侣打破虐待循环、避免成为在情感上虐待孩子的父母的策略。

如果你是受虐方

在本节中，我们将重点讨论对受虐方来说尤为重要的几个问题，包括预防未来关系中的虐待、暂时离开关系、识别潜在施虐者，以及持续设定边界与底线。

预防当前或未来关系中的虐待

无论你决定继续当前的关系还是进入一段新的关系，为了预防未来的虐待，你都需要继续努力识别和应对虐待行为。以下建议将帮助你保持正轨：

1. 保持关注。你不需要过度警觉，但务必留意伴侣日常是如何对待你的。如果你对新伴侣的某些行为视而不见，或者默许他们以虐待的方式与你说话、对待你，又或者让曾经的施虐伴侣再次控制你的生活，这都将发出这样一个信号：你允许自己在未来遭受虐待。

2. 信任并尊重自己的感知和感受。通过阅读本书，你现在已经能够更清晰地识别虐待行为了。现在即便伴侣声称只是在开玩笑，你也能判断出对方何时是在残忍地故意施加伤害。你能够分辨出对方对你的质问是否只是试图控制你的手段。你也已经能够从伴侣的面部表情和评论来辨别对方是否在暗示你疯了、愚蠢或无能。你越是信任自己的感知，你就越不会困惑，也就越能更好地照顾自己。

3. 坚持为自己发声。每次伴侣的行为变得具有虐待性时，你都需要大声地说出来；否则，你就是在默许这种行为，认为这是可以接受的。

暂时离开亲密关系

对于那些已经结束关系的读者，关于如何避免未来的虐待，我能给出的最佳建议是暂时离开亲密关系一段时间。这既可以帮助你从上一段关系的伤痛中恢复，又能让你有时间处理与原始施虐者的未完成事件，同时探索你在关系之外的真实身份。这些事情都需要时间。如果你因为害怕孤独而匆忙投入新恋情，几乎可以肯定你会再次遇到施虐伴侣。我在来访者身上一次又一次地观察到这类重复的模式。相比之下，那些花时间疗愈自己、重新认识和接纳自己的人，再次陷入虐待关系的可能性要小得多。而那些急于与新伴侣建立关系的人，往往会重蹈覆辙，再次遭受虐待。

练习：明确你的底线

在考虑开始一段新的关系之前，你需要清晰地界定，在伴侣的态度和行为上，自己愿意接受和不愿意忍受的界限。在第 9 章中，我们讨论了向伴侣明确表达你的底线并设定边界和底线的重要性。同样地，你也要为自己设定边界和底线。以下的句子完成练习将帮助你澄清这一点。

- 花点时间，仔细回顾你过去的情感经历，尤其是那些涉及虐待的部分，以及那些你原本不应容忍的行为。
- 基于这些反思，完成以下句子。

　　我不会与一个＿＿＿＿＿的人建立关系。
　　我只会选择＿＿＿＿＿的伴侣。

继续填写这些句子，直到你感到满意，确信自己已经全面考虑并涵盖了所有相关方面，直到你感到内心强大且立场坚定。

示例：
我不会与一个总是不断谈论自己的人建立关系。
我不会与一个不断指责我的人建立关系。
我只会选择平等对待我的伴侣。
我只会选择愿意接受建设性反馈的伴侣。

慢慢来，了解你的伴侣

为了建立一个健康、持久的关系，一个基于亲密、分享和尊重的关系，你需要时间——了解对方的时间，让对方了解你的时间，以及确定你们是否般配的时间。

许多实施情感虐待的伴侣最初都非常迷人。不要让自己再次被骗。花时间了解真实的人，而不是在关系初期展现的表面形象。真实的形象只会在时间的推移下逐渐揭示出来，一层又一层的防御被剥开，对方的虚假自我也会逐渐消失。我推荐你阅读我的书《爱他而不迷失自我》，以获取更多关于在新关系中放慢脚步的建议。

学习识别施虐者

大多数施虐伴侣在行为和态度上都存在相似之处，并具有非常类似的性格特征。通过识别这些行为、态度和性格特征，你可以避免再次陷入与施虐伴侣的关系中。请特别留意以下特征：

- 自制力差；
- 低自尊；
- 自私和自恋；
- （对你的时间、注意力等）有很多需要和要求；
- 酗酒或药物滥用；酒精成瘾或药物成瘾；
- 成年后或青少年时期有虐待他人的历史（情感、身体或性方面）；
- 精神疾病史；
- 依赖型人格（经济上、情感上无法自立）；
- 人格障碍（尤其是边缘型人格障碍或自恋型人格障碍）；

- 表现出反社会行为（不相信或不遵守社会规则，而是按照一套以满足自我为目的的规则行事）；
- 攻击性强、要求苛刻、具有虐待性；
- 渴望拥有权力并掌控一切；
- 对性着迷，需要每日一次或每日多次发生性行为；存在强迫性自慰；
- 社交技能差，难以发展成人社交关系和成人性关系。

坦率地交流你对关系的期待

在建立关系的过程中，除了放慢脚步，深入了解你的潜在伴侣之外，坦诚地讨论彼此对这段关系的期待也极为关键。以下示例警示我们，不要轻率地进入一段关系而忽略了重要的沟通。

塔米（Tammy）和卡洛（Carlo）结婚后不久，卡洛便开始展现出支配和控制的行为。"他开始对我发号施令，期待我像服从父亲那样服从他，而不是像一个妻子对待丈夫那样，"塔米回忆道，"我们约会时他并不是这样的。相信我，如果我知道他是那样的人，我绝不会嫁给他。当我质问他时，他告诉我，既然我现在是他的妻子，他对我的期望就变了——也许在约会时我可以保持独立，但作为妻子就不行。我完全无法理解他这种想法从何而来。卡洛的父亲已经去世了，所以我没有机会看到他父亲是如何对待他母亲的。"

在一次双方都在场的联合治疗中，塔米告诉卡洛她不愿再忍受他对待她的方式了，并说明了他的行为对她的伤害。她明确表示，除非他改变自己的行为和期待，否则她将选择结束婚姻。卡洛不愿承认自己的行为是虐待性的，他的骄傲阻止了他为自己寻求治疗。随后，塔米在治疗中开始专注于积累力量和勇气以离开婚姻。

"我不想结束我的婚姻，"她向我倾诉，"我爱卡洛，我希望维持我们的关系。但我实在不愿再被这样对待。我宁愿现在就结束，也不愿等到将来被他彻底打压，连离开的力量都失去了。"

如果塔米能够早些与卡洛坦诚地交流她对婚姻的期待，并相互分享彼此的看法，她或许就能更早地察觉到卡洛的控制欲以及他对婚姻中女性角色的固有观念了。

继续设定边界和底线

然而，即使我们有能力识别出潜在的施虐者，并努力选择与无虐待倾向的伴侣建立关系，这依然不能保证我们免受伤害。因为，如果缺乏适当的边界和底线，即使是原本健康的伴侣，也可能逐渐显露出虐待的倾向。如果你发现自己有在关系中迷失自我的倾向，比如过度融入伴侣的生活，放弃自己的兴趣活动和社交圈子，过分关注伴侣和你们的关系，那么请努力保持一个独立的生活和自我。在你的自我开始变得模糊甚至"消失"之前，你需要明确自己能够接受的投入程度，并相应地设定自己的边界。你可以参考以下问题，帮助你设定对你而言健康的情感边界：

- 在我开始感到窒息之前，我愿意与伴侣保持多高的亲密程度？
- 在我开始觉得不自在或逐渐迷失自我之前，我与伴侣共处的时间应该控制在怎样的范围内？
- 在我感到自己透露了太多个人信息之前，我应该如何把握分享的程度？

继续自我提升

为了防止未来的虐待，你还需要继续努力，成为一个更自信、独立的个体。不要自欺欺人地认为这都是伴侣的错，认为如果自己下次选择不同类型的伴侣，就能万事大吉。如果你是依赖型人格的人，容易被"控制型"伴侣所吸引，那你注定会重新陷入不健康的关系模式中，而这种关系很容易滋生虐待行为。

一位熟人最近告诉我："我喜欢强大、有力量的男人，那些喜欢占据主导的男人。我不喜欢做决定，我宁愿和一个能为我做决定的人在一起。"我简直不敢相信自己的耳朵。她最近刚和一个控制欲极强的男人结束了一段充满虐待的婚姻，我知道高控制欲的男人对她而言很有吸引力。让我惊讶的是，她对自己的依赖倾向毫不尴尬。更令我惊讶的是，她还没有意识到自身逃避责任的愿望和她遭受虐待的倾向之间的联系。

如果你想避免虐待性的关系，你需要学会自己做决定。你需要学会表达自己的意见，克服对提出观点和表达偏好的恐惧。你需要意识到，你的想法、见解、感知和需求与其他人的一样重要。

如果你是女性，请参阅我的书《爱他而不迷失自我》，了解更多关于如何学会做决定、为自己发声、表达喜好，以及如何在关系初期放慢步伐、避免在关系中迷失自我的信息。

如果你是施虐方——及时察觉自身行为

无论遇到的个人问题是什么，施虐者往往都会展现出一些可预测的行为模式，这些模式通常是他们出现虐待倾向的预兆。以下是一些典型的行为特征清单：

- 关注外界而非自身（对外投射、指责、评判）；
- 与自己的真实感受脱节；
- 在处理事情时，只考虑自己的感觉（缺乏同理心）；
- 具有控制局面、控制他人的倾向；

■ 具有对许多事情过度思考和纠结的倾向。

如果你在完成未完成事件的同时努力消除以上行为，你将能够停止自己的情感虐待行为。以下建议将帮助你开始改变上述行为，并在你出现虐待倾向时及时捕捉到自己的行为。

■ 当你开始专注于伴侣做错了什么的时候，转而关注你内心发生了什么。

■ 问问自己：在我的愤怒和指责之下，我真正的感受是什么？

■ 下次你对伴侣感到不满时，试着设身处地地想想伴侣的感受。

■ 认识到你的伴侣是独立的个体，因此有权拥有与你不同的反应、看法、情绪和品位，也有权做出自己的选择，这些选择或许与你不同。你需要意识到，你无法控制任何人。即使你的伴侣容忍了你施加控制的行为，但你付出的代价可能是失去对方的爱。奴隶无法爱主人。囚犯也无法爱狱卒。当一个人每天都在挣扎求生时，他们的心中很难有真爱或忠诚的空间，取而代之的可能是仇恨和对自由的渴望。

■ 此外，你还需要认识到，你的愤怒情绪可能更多地源于自身，而非你的伴侣。与其一味地责怪伴侣或纠结于对方的行为如何让你不满，不如深入反思你的个人历史，探索那些导致你如此不安和愤怒的真正原因。

■ 当你发现自己对伴侣有过度的控制欲，一直在试图改变伴侣的想法或行为时，不妨先冷静下来，后退一步。如果你继续施压，很可能会说出一些日后令你后悔的话。试着从当前的情境中抽离出来，把关注从伴侣身上移开，给自己一些空间，提醒自己去思考什么才是真正重要的——比如维持你们的关系。

对双方都适用的建议

以下建议同时适用于受害方及施虐方：

放慢步伐

为了避免自己在下一段关系中再次成为受虐者或施虐者，你必须在处理性和浪漫关系时保持谨慎，放慢脚步。许多人在没有真正了解对方之前就匆忙投入关系，这往往是导致虐待关系发生的一个重要原因。这通常源于他们在童年时期未得到满足的情感需求，他们本质上仍在寻找能够填补这种内心深处情感空缺的人。一旦出现一个看似对自己充满关怀的人，那些长期未被满足的需求便会被激活，让个体产生强烈的、与对方紧密融合的冲动。

然而，这存在一些问题。如果你迅速地与某人发生浪漫和性方面的关系，当你后续开始更多地了解对方时，你将很难保持客观，而更可能对这个人的议题和问题视而不见。女性尤其需要小心，因为在性行为的过程中，女性的身体会释放催产素——一种促进情感联结的激素，这可能使她们难以脱离关系，哪怕伴侣开始出现虐待倾向。

因此，如果你已经意识到自己的这种情感模式，那么在遇到你喜欢的类型时，一定要保持警惕。如果你发现自己迅速就被某个人深深吸引，请务必小心，因为这个人很可能就是你过去经历中那个原始施虐者的翻版。而如果你在与某人相处时，感觉像是已经认识了对方一辈子，这种熟悉感很可能并非偶然！

拥有平等的关系

预防虐待关系的另一个重要方式是，确保双方关系建立在平等的基础之上。平等关系是指在彼此眼中，双方都是平等的个体。然而，一方面，情感虐待的受害者倾向于选择他们认为更有权力、更有成就、更聪明的伴侣。另一方面，那些倾向于施虐的人，则偏向于选择他们认为权力较小、成就较低、智力水平较低的伴侣。

因此，当你发现自己与一个让你感觉"自愧不如"的人建立关系时，实质上是将权力交给了对方，这为整个关系定下了基调。你可能会过度取悦对方，频繁让步，甚至在本该为自己发声时选择沉默。对于那些你本不应容忍的行为，你也可能会选择忍受，甚至总体上任由对方掌控这段关系。

反过来，如果你与一个自认为比你更强大或更优秀的人建立关系，那么对方可能会通过侵犯你的边界、无视你的存在，甚至试图支配你等方式来利用你。

此外，如果你发现自己总是倾向于与那些在你看来权力更小，或你自认为"不如"你的人建立关系，那么这可能反映出你内心深处对于拥有真正平等关系的抗拒，或者说你害怕与一个和你平起平坐的人交往。这意味着你需要成为关系中的主导者，并试图控制这段关系以及你的伴侣。然而，这种心态往往是情感虐待的温床。

无论你倾向于选择权力更大还是更小的伴侣，为了打破不健康的情感模式，你都需要努力追求一种双方都能平等看待彼此的关系。这并不意味着你们在所有方面都必须平等，而是说在总体上，你们各自的优势和品质能够相互平衡。

问卷：平等与否？

以下问题将帮助你判断当前或潜在的关系是否达到了真正的平等：

1. 在这段关系中，谁更经常地掌握着决策权？谁在表达自己的需要和情感时显得更自信有力？
2. 你们中，谁更需要获得控制感？在日常事宜中，通常谁更容易如其所愿？
3. 在你们的性关系中，谁更有掌控权？
4. 你们中，谁更自信？谁的自我感觉更好？
5. 事业上，你们中谁取得了更大的成功？
6. 经济上，谁的收入更高？
7. 你会认为你们中的一方优于另一方吗？如果有，是谁？
8. 你认为谁更爱对方？
9. 情感上，谁更依赖对方？谁更容易觉得没有对方的日子难以度过？
10. 谁更致力于维持这段关系？

如果在这些问题中，你对于第 1 到第 7 个问题的回答大部分是"我的伴侣"，而对第 8 到第 10 个问题的回答更多是自己，那么这可能意味着，在这段关系中你的伴侣拥有更多的权力。如果你对第 1 到第 7 个问题的回答是自己，对第 8 到第 10 个问题的回答都指向了伴侣，那么这可能意味着你在关系中拥有更多的权力。

第 14 章

持续从伤害中恢复

"发生在我身上的事并不能定义我是谁，我的本质是由我选择成为的样子所决定的。"

——卡尔·古斯塔夫·荣格（C.G.Jung）

"在你内心深处的伤痕里，有种子正等待时机，准备开出美丽的花朵。"

——尼缇·玛杰缇娅（Niti Majethia）

本章内容对情感虐待中的幸存者和施虐者同样适用。你们各自都能在这一章中找到实用的策略和信息，帮助你们从童年时期遭受的虐待，以及成年后在关系中经历的情感虐待中，持续恢复。如果你选择留在当前的关系中，我建议你阅读整个章节，包括章节中那些涉及对方的内容。这样做有助于你们进一步加深对彼此的理解，并在恢复的过程中相互支持。

许多人都会好奇，康复究竟需要多长时间。一般而言，虐待持续的时间越长（无论是在童年还是在成年时期），虐待的程度越严重，恢复的过程就会相应地越长。如果你曾经遭受过来自多人的情感虐待，情况也会变得更加复杂。但是，你越早开始恢复的过程，你就越会坚决地拒绝虐待的继续，而恢复的速度也会越快。因为每次你允许自己被虐待，其实都是在重复经历童年时的创伤，这本质上是在让自己不断再次受创。对于施虐的伴侣来说，你越是任由自己把问题的关注点聚焦于外界而进行虐待行为，你就会积累越多的羞耻感，而更难面对和处理自己的问题。

真正的力量来自于认识到自己有选择权

为了从受虐或施虐的困境中恢复，你首先需要明白，自己始终都有选择。

如果你是曾经被虐待的一方，你必须意识到，你始终有自由去选择继续或结束与对方的对话，也有权利选择如何面对伴侣的行为。你拥有决定是否要做某事的权利，更拥有决定继续或结束一段关系的权利。

如果你是有过虐待行为的一方，请记得，你也同样有选择。无论你在童年遭受了多少虐待或忽视，无论你内心多么受伤、痛苦或愤怒，你都可以选择不让自己重复虐待的循环。你可以选择去散步来远离让你不适的情境，选择以建设性的方式释放愤怒，或者选择将你的感受记录下来。你也可以选择做一个深呼吸，数到 10，然后平静地告诉伴侣是什么让你烦恼。或者更好的是，你可以选择将注意力从伴侣身上移开，转而关注自己的内心，去发现真正困扰你的是什么，以及它为何会让你感到困扰。

受害者与施虐者需要解决的关键问题

对于受虐者和施虐者来说，如果要从虐待的模式中恢复过来，必须持续解决两个关键问题：持续给予自己关怀和照顾，并不断识别和尊重自己的情感。

练习自我关怀，提升自尊

我们常被教导，自尊对我们的心理健康至关重要，因为它几乎渗透到了我们生活的方方面面。它影响我们如何看待自己和他人，也影响他人如何看待我们。它左右着我们在生活中的选择，以及我们给予和接受爱的能力。此外，面对急需改变的事情时，它决定了我们是否具备采取行动的能力和意愿。

自尊，其实就是我们对自己的感觉，是我们对自己的一个整体评价。如果我们拥有较高的自尊水平，那么我们会喜欢和接纳自己的本来面目，包括那些所谓的缺点。高自尊意味着我们往往也具备自爱、自重和自我价值感。但正如我们之前讨论的，患有自恋型人格障碍或具有自恋倾向的人是个例外。他们表面上的高自尊，其实只是他们为了掩盖内心的羞耻感而营造出来的假象。事实上，在自恋型人格障碍患者内心深处，自尊心极低。

很不幸，童年虐待的受害者的自尊水平普遍较低。因此，他们不爱自己，也不尊重自己，更无法想象有人会真正爱或尊重他们。他们不认为自己值得被爱或被尊重，也不觉得自己值得获得他人善意或体贴的对待。当有人以尊重或善意对待他们时，他们常常会感到不自在，甚至会推开对方；而相反，他们会被那些对他们轻蔑、残忍或冷漠的伴侣所吸引，因为这种方式对他们而言更熟悉，也更符合他们对自身价值的认知。那些有施虐倾向的人，起初可能会被一个对他们友善和尊重的伴侣所吸引。但一旦他们觉得伴侣已经"属于"自己了，就会开始逐渐对伴侣生出蔑视之心。尽管这种心理动机往往是无意识的，但他们内心深处相信，任何愿意和他们在一起的人，肯定都有严重的问题，因此不值得他们尊重。不论他们最后成了关系中的受害方还是施虐方，对他们而言，爱意和善意常常演变成负担和痛苦，因为这会让他们回想起童年时期缺失的关爱。

虽然自尊对每个人都很重要，但还有一种方式让我们感觉良好，那就是自我关怀。自我关怀提供了与高自尊相似的好处，但它不需要我们觉得自己完美无缺或高人一等。正如第 6 章所述，自我关怀意味着在我们犯错或未达到自己或他人的期望时，能够对自己保持友善和关怀。通过自我关怀，我们就不会总是自我批评，而是能够像对待好朋友那样，用更加宽容、理解甚至慈悲的心态来对待自己。

如何将自我批评转变为自我关怀

以下策略将帮助你减少自我批评，转而开始更多地关怀自己。

留意自我批评的频率

当你自我批评时，本质上就像你的父母或其他原始施虐者伤害过你的那样——你在重新伤害自己，这会损害你的自尊。自我批评，有时也是你允许伴侣虐待你或者你虐待伴侣的一个原因。接下来，注意你的自我对话或内心独白。每当你发现自己在指责自己，或是出现关于自己的消极想法时，请停下来！然后问问自己："这是谁的声音在说话？"你是否在重复你的父母或之前伤害过你的人对你说过的话？这时，你可以用"那不是真的，我并不傻。我只是犯了一个错误"这样的话来反驳那些指责，然后用积极的、鼓励的话语替代消极的自我想法，比如"我正在尽我所能"或"我正在慢慢变得更好"。

关注你的积极品质，而非错误

自我批评已经够让人难受了，如果再加上对自我表扬的吝啬，这将会是对自尊的双重打击。在童年时期，你除了经常被指责外，可能也很少得到夸奖。对于那些成年后遭受情感虐待的人来说，情况也基本相似。现在，你需要开始扭转这种情况，学会用温暖、鼓励和充满爱意的方式与自己对话。当然，你可能无法一下子停止自我批评，但你可以试着用自我表扬来平衡它。

调低消极的内在声音，并培养一个滋养的内在声音

当你犯错时，要学会原谅自己，从错误中吸取教训，然后继续前进，而不是纠结于此。同样，你也不应允许其他人揪着你的错误不放，或者期待你完美无缺。

练习：培养一个滋养的内在声音

- 做几个深呼吸，试着进入自己的内心，有意识地与自己的内心建立一种亲密的联系。很多人可能不知道怎么做，或者因为害怕而不敢尝试，因为他们觉得自己的内在世界可能很冷漠、空洞或不那么吸引人。但请告诉自己，无论你在内心发现了什么，都没关系，重要的是继续专注于内心。你可以先试着开始每天多问问自己"我现在感觉怎么样"。你可以写下"与自己对话"或"感觉如何"一类的字条，以更好地提醒自己。

- 试着向内聚焦，看看是否能感受到一种与自己相连的感觉，哪怕它只是微弱的萌芽。

- 尝试在内心唤起一个滋养的声音，这个声音要与你内心深处的力量、善良和智慧（你的本质）紧密相连。它不应该是苛刻、指责或让你感到沮丧的声音，也不应该是过分甜蜜或放纵的。它应该是一个温暖而充满善意的声音，能够珍视你并接受你本来的样子。随着时间的推移，这个声音最终将成为你的一部分，但现在你可以从任何让你感到舒适的声音开始。有些人可能很容易找到这样的声音，但如果你感到困难，不妨试试用你对小孩子或

> 心爱的宠物说话时那种温柔的声音来和自己对话。或者，你也可以想象一个你认为既有滋养力又坚强的人（比如你的治疗师、支持者、爱你的朋友）的声音，用那个声音来和自己交流。
>
> ■ 当你发现自己又在指责自己或对自己特别苛刻时，试着有意识地切换到这个更加滋养的声音。对于那些在成长过程中受到父母严厉苛责的人来说，这一点尤为重要。如果这适用于你，那就努力用一个更具滋养力、更有同情心的内在声音，来取代父母指责的、消极的声音。

设定可达成的目标

无论是幸存者还是施虐者，都容易为自己定下一些难以达到的高标准。他们总期望自己做到完美，而一旦犯错或没有达到这些不切实际的高标准时，就会自我苛责。不过，两者的区别在于，幸存者会怪罪自己，而施虐者则倾向于怪罪别人。

成功的体验对于我们拥有健康的自尊来说非常重要。但要能真正感受到成功，我们需要设定一些可达成的目标。从设定小目标开始，别一开始就设定太大的目标。每当你完成一个小目标，每一个小成功都会让你更加自信，从而一点点提升自尊。

别再拿自己与他人比较

与他人比较的问题在于，最终你会觉得自己要么不如别人，要么比别人强。如果你感觉自己不如人，你的自尊心就会受到打击。那些曾经遭受虐待的人之所以会容忍虐待持续发生，往往是因为他们觉得自己很差劲，认为没有人会喜欢他们，或者由于低自尊，导致他们相信了施虐者的指责或贬低。

许多施虐者内心深处感到自卑，而这进一步加剧了他们的羞耻感。还有一些施虐者之所以发展出施虐倾向，是因为他们喜欢与他人进行比较，并感觉自己高人一等，这使他们觉得自己有权去虐待和不尊重他人，特别是他们的伴侣。

所以，下次当你发现自己又在和别人比较时，试着提醒自己：对方只是与你不同，别急着评判这些不同之处的好坏或价值。即使对方看起来比你更富有，或更有成就，也并不代表他们就比你更好或更有价值。事实上，很多人都会因为你的独特之处而欣赏你。试着将注意力集中在自己的优点上，这有助于提升自尊。同时，我们也要明白，当我们羡慕别人时，往往只看到一幅不完整的画面。毕竟，没有人能够真正拥有一切。最终，生活会达到一种平衡。所以，与其羡慕别人拥有什么，不如认真思考你想要从生活中得到什么，然后专注地去实现它。

开始滋养自己

那些在童年时期遭受忽视和虐待的人，因为缺乏成长过程中所需的滋养，所以难以形成积极的自我形象。一些人成年后开始期望伴侣能够给予他们所渴望的滋养，但往往失望而归。因为无论我们如何努力尝试，伴侣都无法成为我们的父母。没有人能够弥补你童年的缺失，也没有人有义务去这么做。只有你自己才能给自己带来真正所需的滋养。你越是能滋养自己，你就越容易从情感虐待所带来的心灵、身体和精神上的严重伤害中恢复过来。学会关爱自己，温柔地对待自己，这会让你对自己的看法变得更加积极。

继续识别并尊重你的感受

童年遭受的任何形式的虐待所造成的一个重要伤害是导致我们排斥并压抑自己的情绪感受，直到最后我们意识不到这些情绪的存在，或失去了对情绪的控制。许多童年虐待的幸存者，仿佛经历了情绪的"破产"，他们"梦游"般地生活，剥夺了自己所有的情感体验。还有一些人，他们像情感火山一样，随时向身边的人发泄自己的痛苦和愤怒，但实际上，他们对自己真正的痛苦、恐惧和羞耻感是完全麻木的。

通过隔离自己的情绪和身体感受，你或许能回避很多痛苦，但这样做的代价是巨大的。在你切断自己的痛苦、恐惧、羞耻和愤怒等感受的同时，你也牺牲了自己感受快乐和爱的能力。脱离了与自身情感的接触，你也就隐藏了自身的一个重要方面。对于情绪感知的缺乏，可能是导致你成为施虐者或受虐者的因素之一。

为了重新找回所有情绪（痛苦、愤怒、恐惧、内疚、羞耻、喜悦和爱），一个有效的方法是开始更加关注你的身体反应。因为你的身体会对你经历的每一种情绪产生一系列不同的生理感觉。例如，当你生气时，你可能会肩膀绷紧，牙关咬紧；当你害怕时，你可能会耸起肩膀，胃部收紧或感到不适；当你感到羞耻时，你可能会觉得肩膀上有重担压着。因此，密切关注身体对情绪的反应，是找回这部分遗失的自己的关键步骤。

针对受害方的具体策略

遭受情感虐待的经历会让个体留下许多伤痕，尽管这些伤痕是肉眼所不可见的。

这些情感虐待的长期影响可能包括：

- 对自我感知的不信任；

- 容易感到恐惧或戒备；
- 过分担心自己给别人留下的印象，感到不自在或害怕；
- 难以自然自发地行动；
- 对他人和未来关系缺乏信任；
- 有时会突然爆发愤怒；
- 对任何试图控制自己的人高度敏感。

一旦你不再继续受到情感虐待，一部分长期影响会随时间推移而逐渐减轻。你会开始重新信任自己的感知，变得更加自然和自发，你的警觉性和过度的自我意识也会慢慢消退。然而，你会发现重新建立对他人的信任不那么容易。如果你选择留在伴侣身边，那么你可能需要相当长的时间来相信对方已经改变，不会再继续虐待你。如果你选择结束虐待关系，那么重建对另一个人的信任，可能需要相当长的时间。

这种不信任实际上是一种非常健康的反应。即使伴侣承认了自己的虐待行为，并努力解决导致这种行为的问题，也不能保证他们不会偶尔倒退回旧有的问题行为模式。如果你已经离开了情感虐待的关系，你最不需要的就是匆忙开始新的恋情。相反，你应该先处理好自己的问题，确保自己未来不会再次选择虐待型的伴侣。让你的不信任成为对你过去经历的提醒和对未来的警示，以避免重蹈覆辙。

同时，你的愤怒也需要一段时间来平复。尽管突如其来的愤怒可能会让你感到不安，但它是遭受情感虐待后的一种非常自然，甚至有疗愈性的反应。在你遭受情感虐待的那段日子里，你积累了大量的愤怒，这些被压抑的愤怒现在需要释放出来。你需要找到适当的方式来宣泄愤怒，比如写一封给施虐者的信（无论是否寄出）、对着枕头大声喊叫，或者在铝罐上重重一踩。你可能会发

现，当有人试图控制你，或任何人（包括你当前的伴侣）开始用
本书讨论的任何方式对你进行情感虐待时，你的愤怒会特别强烈。
你无须为这种愤怒感到尴尬或担忧，相反，你可以将之视为一个
强有力的自我确认，表明你不会再容忍这种虐待行为。

　　你的愤怒可以成为一股动力，推动你去照顾自己，去追求
那些曾因自我贬低而搁置了的目标和梦想。如果你能正确地引
导这份愤怒，它还可以激励你去帮助其他受虐者，或确保自己
的孩子永远不会遭受虐待。然而，需要注意的是，如果你滥用
愤怒，用它来惩罚伴侣或潜在伴侣，或者不是以积极的方式去
释放愤怒，而是转而伤害自我，那么这份愤怒就会成为摧毁你
的力量。

　　如果你选择留在伴侣身边，而你的伴侣已经为过去的虐待行
为道歉，并且确实停止了虐待行为，那么继续用愤怒来惩罚伴侣
就是不公平的。同样地，如果你已经结束了这段关系，那么新出
现在你生活中的人，不应为你前任伴侣的错误负责，也不应该成
为你发泄愤怒的出口。如果你发现自己难以将现在的生活与过去
区分开来，或者你发泄愤怒的行为开始对自己或他人造成危险，
那么我强烈建议你寻求专业帮助。

允许自己去感受

　　在遭受情感虐待后的恢复过程中，你需要关注对自身感受
的识别、信任和表达。这之所以重要，是因为情感虐待的受害
者经常被指责过于敏感，说他们的反应和感受是不恰当的。实
际上，情感虐待毫无疑问会导致幸存者经历一系列复杂的情绪
感受：

　　＊　羞耻——因为感觉自己不被爱，因为所承受的羞辱，因为

屈服于虐待，以及所经历的一切而感到羞耻。

* 恐惧——当你遇到与之前的施虐者相似的人，或者当你发现自己具有虐待倾向时，或当你进入一段新关系时，恐惧都会浮现。

* 哀伤——这种哀伤可能源于自我认同和自尊的丧失，对曾深爱之人的爱意的消逝，对自己在虐待关系中所虚度的时光的哀悼，以及对自己从未真正被爱的这一认识。

* 愤怒——对施虐者的愤怒，因为他们损害了你的自尊，让你怀疑自己的感知；对你原始施虐者的愤怒，因为他们树立了虐待关系的样板，导致了你的低自尊，为你后来遭受更多虐待埋下了隐患。

练习自我照顾

许多人之所以困在过去，是因为他们拒绝放下过去而前行。他们渴望得到童年时未曾得到的爱与关怀，不断寻找能成为他们理想中的"好父母"一样的人。但现实是，没有人能填补你内心的空白，没有人能弥补你童年的缺失。你需要给予自己那些曾经错过的东西——成为自己"足够好"的父母。

以下是一些具体的自我照顾的建议，将帮助你提升自尊：

■ 试着在一些时候把自己的需求放在首位；
■ 尊重和珍视自己，包括你的感受和需要；
■ 表扬自己；
■ 滋养自己（如经常让自己做个按摩、美甲等）；
■ 表达你想要的，并对不想要的东西说"不"；
■ 认识到你的选择和权利；
■ 表达你的感受、需求和观点；

■ 为自己提供自我关怀（具体方法请参阅第 6 章的内容）。

练习：你的童年愿望清单

1. 回想一下，你童年时有哪些愿望或需求没有得到满足。请把它们都写下来。这份清单会告诉你，现在你需要为自己做些什么。

2. 从今天开始，逐步去实现这些愿望或满足这些需求。每当你成功完成一个，就在清单上划掉它，然后专注于下一项目标。记住，不必给自己太大压力，急于一次性完成清单上的所有事情。重要的是，慢慢来，享受这个过程——无论是一周划掉一项还是一月完成一项，你都在逐步照顾自己的需求，这才是最重要的。

成为自己的"好父母"，意味着你要给自己提供那些你内心深处仍然渴望的滋养和关怀。这是完成你童年未完成事件的重要一环。当你这样做时，你会发现自己对那些在童年时剥夺或虐待你的人的怨恨在逐渐减少，同时，你也会减少在关系中的依赖，变得更加独立。

施虐方的恢复

你同样需要学会识别并尊重自己的感受。愤怒、痛苦、恐惧和悲伤都是你需要关注的情绪。而羞耻感可能是仅次于愤怒的需要你特别努力去克服的一种情绪。由于你小时候很可能遭受了大量的拒绝和批评，甚至家庭中的很多问题都要归咎于你，这导致你内心积累了大量的羞耻感。而在童年时期遭受过大量羞辱的个体，往往会筑起坚固的一堵墙或防御系统来保护自己，这堵墙如此坚固，以至于他人的感受或反应都难以穿透。这个防御系统，正是许多情感施虐者缺乏同理心的根源所在。他们似乎无法承受关注他人感受所带来的代价，因为这样做可能会让他们再次感受到那种被羞耻感淹没的痛苦。

你未完成事件的一部分，是学会将那些不健康的羞耻感和指责还给最初伤害你的人——你要否认的是原始施虐者，而不是你当前生活中的人，特别是你的伴侣。下一次当有人批评你、取笑你、质疑你的选择，或错误地责怪你做了你并没有做的事情时，请不要把这些羞耻感转嫁给你最亲近的人。相反，试着连接你童年时的感受，回想是谁让你有了那种羞耻感。然后，你需要找到一种有建设性的方式，向真正应该负责的人表达你的正当愤怒。以下是一些策略，可以帮助你进一步停止虐待行为。

不要过度个人化

由于你童年可能遭受了很多指责，你可能对来自他人的批评和评价特别敏感。比如，伴侣只是建议你买些新衣服，但你可能会解读为对方在说你太邋遢。再比如，伴侣说你看起来很累，你可能不会感受到背后的关心，而觉得对方在说你看起来显老。

如果你总是把每一个无心的评论都解读成对自己的指责，那你要么会变得过度防卫（甚至可能在这个过程中出现虐待行为），要么会持续感觉自己一无是处。试着去接受别人话语的表面含义，而不是假设每个评论背后都别有深意。如果有人说了一些话让你产生了自我怀疑，或让你对他们的真实意图产生了怀疑，那就直接请他们澄清一下。

面对你的恐惧

与其一直用强势或攻击掩盖你对被抛弃或拒绝的恐惧，不如勇敢地承认它。要知道，每个人都会有恐惧，这是人性的一部分。假装自己不害怕，只会让你离真实的自己越来越远。

停止读心

由于你深信自己不够好、有缺陷、没有价值或者很糟糕，你可能会认为别人也是这样看你的。这种信念会让你忍不住去猜测别人的心思，即**读心**——仿佛你知道别人在想什么一样。但事实是，你的伴侣和其他人很可能并不这样看你。他们很可能相信了你表面的自信和强势。实际上，相较于你对待自己的方式，你的伴侣很可能远比你宽容和耐心得多。

在别人的心里，评判你并不是首要的事情。事实上，在大多数情况下，当你以为别人对你有不好的看法时，他们可能根本就没有在关注你。如果你曾经虐待过你的伴侣，请相信我，他们疲于应对你的愤怒并努力生存，根本没有多余的精力去评判你。而其他人，也都各自忙于应对自己的生活。

对施虐方的特别忠告

正如我前面所说的，我坚信每一个施虐者都有能力改变。但停止虐待对你们中的许多人来说将是非常困难的。你们可能有着强烈的保护自己免于羞耻的需求，这两股力量如此强烈，以至于你仿佛在同时踩油门和刹车。无论你多爱你的伴侣，无论你对自己对待伴侣的方式感到多么难过和内疚，也无论你有多大的决心要改变，你内心总会有一个声音在你耳边不断低语，诸如，"事情没她说的那么糟""如果情况真那么糟，她为什么不说出来""她也这么对待过我""我只是在保护自己"

你必须努力反驳这些想法，提醒自己，虽然你出现虐待行为是可以理解的（比如早年的童年经历、自己遭受过虐待或忽视），但你必须停止这种行为——为了你自己，也为了你爱的人。你必须对自己极其诚实，停止为自己的行为辩护，并真正倾听伴侣是怎么说你的虐待行为的。别再为你的不良行为找借口，你需要做的是花时间去探索为什么自己会这样做。

适用于双方——如何寻找合适的治疗师

在整本书中，我一直在鼓励你们，无论你是施虐方还是受虐方，都应该寻求专业的帮助。接下来，我会给你们一些建议，帮助你们找到符合自己特定需求的治疗师。

首先，我建议你们在寻找咨询师时，从一开始（甚至在第一次电话咨询时）就非常明确地表明你希望与一位熟悉情感虐待影响、有处理童年虐待或被忽视经验的专业人士合作。其次，根据你的个人经历，你可能还想了解治疗师是否有处理特定类型童年虐待的经验，如身体虐待或性虐待。如果你是成年后遭受情感虐待的受害者，那么请告诉治疗师这一点，并询问这位治疗师是否有过与其他情感虐待受害者工作的经验。如果你是施虐方，你可以询问治疗师是否有与施虐者工作的经验。一位称职的治疗师应该能够毫无困难地回答你的问题，并向你提供相关的资质证明。

大多数治疗师有一个共识，那就是在关系中存在情感或身体虐待的情况下，不建议进行夫妻治疗。这其中最主要的原因在于，许多受虐者往往无法为自己发声，说出关系中的真实情况。他们倾向于顺从处于主导地位的施虐方，让施虐方向治疗师描述关系的情况。而这会让治疗师对实际情况的理解有失偏颇。

对于边缘型人格障碍和自恋型人格障碍的治疗

如果你怀疑自己可能患有边缘型人格障碍或自恋型人格障碍，我强烈建议你询问治疗师是否有治疗这些障碍的经验。因为有效治疗这些障碍，需要专门的培训和教育。同时，有几种推荐的治疗方法是专为成功治疗这些障碍而设计的。

治疗边缘型人格障碍： 目前被广泛认为最有效的两种短期治疗方法是认知行为疗法（CBT）和辩证行为疗法（DBT）。如果你希望寻找到一位擅长辩证行为疗法的临床医生，请联系以下机构获取推荐信息：

辩证行为疗法-林内翰（DBT-Linehan）——查找经过认证的临床医生，请访问 www.dbt-lbc.org 或拨打 (866) 588-2264。

治疗自恋型人格障碍： 以下是针对自恋型人格障碍的多种治疗方法。

心理治疗

治疗自恋型人格障碍最有效的方法是谈话治疗，通常称为心理治疗（特别是心理动力学疗法）。由于自恋型人格障碍的主要问题涉及你与他人的关系，比如你缺乏同理心、有特权感、无法信任他人以及易怒，一对一的心理治疗可以帮助你学习如何建立开放、诚实、不操纵也不剥削他人的关系。

心理治疗也可以在以下几个方面帮助你：

* 教你如何更好地与他人相处，使你们的关系更加亲密、愉快，彼此有益。
* 帮助你理解自己情绪的来源，以及理解是什么驱使你竞争、不信任他人，甚至贬低自己和他人。
* 帮助你提升自尊，并对他人抱有更现实的期望。

在选择治疗师时，请确保询问治疗师是否接受过相关培训，并有与自恋倾向者合作的经验。

认知行为疗法（CBT）

这种形式的治疗通常能有效地帮助人们改变破坏性思维和行为模式。这种疗法的治疗目标是改变扭曲的想法或信念，建立一个更加现实的自我认知。

眼动脱敏与再处理疗法（EMDR）

这种治疗方法也被证明对治疗具有自恋特征的人非常有效。自恋者往往过度关注并保护一个高度理想化的自我形象，这种形象可能包括过度的自我评价、特殊感、优越感、特权感，以及对一些社会行为规范的忽视。正如 EMDR 能够处理不愉快的情绪和过于消极的自我认知一样，针对这种往往根植于过往经历的、过度积极的自我形象，EMDR 也有特定的相关策略可以进行干预。

那些患有自恋型人格障碍或边缘型人格障碍等人格障碍的个体，在关系中可能不自觉地表现出施虐行为，但他们很难轻易改变，也往往缺少改变的动力。即使有些人愿意改变，通常也需要多年的专业心理治疗。

尽管如此，也存在少数例外——一小部分患有边缘型人格障碍或自恋型人格障碍的人愿意主动接受心理治疗，并会努力做出改变。但遗憾的是，即使他们真的开始接受治疗，也很难长时间坚持下去。他们所展现的"改变"通常只是短暂的。这背后的主要原因之一是，他们可能无法或不愿进行自我反思，因为这样做会让他们面临暴露真实自我的风险——哪怕是面对自己的暴露。他们往往倾向于认为错在别人，需要改变的是别人。

即使面临失业、婚姻破裂或法律纠纷等困境，这些人格障碍患者最终还是会选择对他们来说可行的生活方式。即使有良好的专业治疗师在旁，通过治疗帮助他们意识到自己筑起的心理防线是如何阻碍了真正的亲密关系的，以及如果打破这些壁垒他们的生活会变得多么美好，但很多人仍然不愿意付出努力来拆除这些心理防线。

对伴侣的改变持现实态度

虽然我坚信，任何寻求专业帮助的施虐者都有机会停止他们的行为。但遗憾的是，很多人选择拒绝帮助，而那些接受帮助的人也常常过早地放弃治疗。一对一的个体治疗为施虐者提供了一个在安全的环境中向治疗师展示真实自我的机会。然而，这对于有虐待行为的人来说可能极具威胁性，因为他们为了改变，必须放下防备，允许治疗师深入了解他们的内心世界。这种展现脆弱的行为对一些人来说几乎是不可接受的。

确实，有些具有情感虐待行为的伴侣是不会发生改变的，尤其是在没有专业帮助的情况下。他们可能在情感上非常封闭并严密防御，拒绝承认自己有施虐行为。另一些人可能太害怕面对自己过去被虐待或被忽视的经历。还有些人可能缺乏同理心，无法理解自己给伴侣造成的痛苦，反而只关注伴侣如何伤害了他们。

如果对你施虐的伴侣在你指出其施虐事实时不愿倾听并诚实地反思自己，不论是在言语或行动上都没有体现出对你和关系的足够尊重的话，我建议你阅读我的书《情感受虐的女性》（*The Emotionally Abused Woman*）或《逃离情感虐待》（*Escaping Emotional Abuse*）。

后记

"别走在我前面，我可能不会跟随；别走在我后面，我可能不会引路。请走在我身旁，做我的朋友。"

——阿尔贝·加缪（Albert Camus）

我最真挚的祝愿是，你能在与另一个人的关系里感到足够安全，能够彼此袒露脆弱，分享彼此深藏心底的秘密和弱点，同时相信对方不会用它伤害你。在这种坦诚相待中，蕴含着深深的疗愈、亲密和联结。

随着你不断从童年时期遭受的虐待或忽视等创伤中恢复过来，随着你克服这些建立健康关系的核心障碍，你会发现克服这些障碍所带来的无比喜悦。如果你有幸与伴侣在这个过程中携手同行，你们将成为彼此最牢靠的盟友。如果你独自走过这条路，你也会发现，未来的关系会远比过去的更加健康。记住，恢复是一个漫长而持续的过程，但每一步都值得。

进一步阅读

童年情绪虐待

Necessary Losses, by Judith Viorst
The Drama of the Gifted Child: The Search for the True Self, by Alice Miller

走出童年虐待的阴影

Stalking the Soul: Emotional Abuse and the Erosion of Identity, by Marie-France Hirigoyen
Emotional Blackmail, by Susan Forward
Adult Children of Abusive Parents, by Steven Farmer
Divorcing a Parent, by Beverly Engel
Healing Your Emotional Self: A Powerful Program to Help You Raise Your Self-Esteem, Quiet Your Inner Critic and Overcome Shame, by Beverly Engel
It Wasn't Your Fault: Freeing Yourself of the Shame of Childhood Abuse with the Power of Self-Compassion, by Beverly Engel
Toxic Parents, by Susan Forward

女性受害者的康复

The Emotionally Abused Woman, by Beverly Engel
Encouragements for the Emotionally Abused Woman, by Beverly Engel
Loving Him without Losing You, by Beverly Engel
The Nice Girl Syndrome: 10 Steps to Empowering Yourself and Ending Abuse, by Beverly Engel
The Dance of Anger: A Woman's Guide to Changing the Patterns in Intimate Relationships, by Harriet Lerner

男性受害者的康复

The Wounded Male, by Steven Farmer
Flying Boy: Healing the Wounded Male, by John Lee

男女均适用的康复

Escaping Emotional Abuse: Healing the Shame You Don't Deserve, by Beverly Engel
The Verbally Abusive Relationship, by Patricia Evans

治愈创伤：身心连接

Healing Trauma: A Pioneering Program for Restoring the Wisdom of Your Body, by Peter Levine
The Body Keeps the Score: Brain, Mind and Body in the Healing of Trauma, by Bessel Van Der Kolk

愤怒和压力管理

The Relaxation and Stress Reduction Workbook, by Martha Davis, Matthew McKay, and Elizabeth Robbins Eshelman
Angry All the Time: An Emergency Guide to Anger Control, by Ron Potter-Efron
Beyond Anger: A Guide for Men, by Thomas J. Harbin
Honor Your Anger, by Beverly Engel

相关的康复问题

Boundaries: Where You End and I Begin, by Anne Katherine
Codependent No More: Beyond Codependency, by Melody Beattie
Conquering Shame and Codependency, by Darlene Lancer
Shame and Grace, by Lewis B. Smedes
Shame, the Power of Caring, by Gershen Kaufman
The Power of Apology, by Beverly Engel
Boundaries and Relationships, by Charles L. Whitfield, M.D.
The Complex PTSD Workbook, by Arielle Schwartz

治愈其他形式的虐待

The Verbally Abusive Relationship, by Patricia Evans
The Right to Innocence: Healing the Trauma of Childhood Sexual Abuse, by Beverly Engel
The Courage to Heal: A Guide for Women Survivors of Child Sexual Abuse, by Ellen Bass and Laura Davis
Victims No Longer: The Classic Guide for Men Recovering from Sexual Child Abuse, by Mike Lew

自我关怀

Self-Compassion: The Proven Power of Being Kind to Yourself, by Kirsten Neff
The Mindful Path to Self-Compassion, by Christopher Germer

家庭暴力

Getting Free: You Can End Abuse and Take Back Your Life, by Ginny NiCarthy
It's My Life Now: Starting Over after an Abusive Relationship or Domestic Violence, by Meg Kennedy Dugan
Why Does He Do That? Inside the Minds of Angry and Controlling Men, by Lundy Bancroft
Should I Stay or Should I Go? A Guide to Knowing If Your Relationship Can and Should Be Saved, by Lundy Bancroft

边缘型人格障碍

I Hate You, Don't Leave Me: Understanding the Borderline Personality, Jerold J. Kreisman
Skills Training Manual for Treating Borderline Personality Disorder, by Marsha M. Linehan
Stop Walking on Eggshells: Taking Your Life Back When Someone You Care about Has Borderline Personality Disorder (Third Edition), by Paul Mason and Randi Kreger
Talking to a Loved One with Borderline Personality Disorder: Communication Skills to Manage Intense Emotions, Set Boundaries and Reduce Conflict, by Jerold Kreisman and Randi Kreger
Understanding the Borderline Mother, by Christine Ann Lawry

自恋型人格障碍

Children of the Self-Absorbed: A Grown-Up's Guide to Getting over Narcissistic Parents, by Nina W. Brown

The Search for the Real Self: Unmasking the Personality Disorders of Our Age, by James F. Masterson, M.D.

Narcissistic Mothers: A Daughter's Guide to Dealing with Narcissistic Mothers, by Linda Hill

The Narcissistic Father, by Dr. Theresa Covert

The Covert Passive Aggressive Narcissist, by Debbie Mirza

打破虐待循环

Breaking the Cycle of Abuse, by Beverly Engel

The Parenthood Decision, by Beverly Engel

Your Child's Self-Esteem, by Dorothy Corkille Briggs